环境化学实验

主编　彭　越　柏　松　杨胜韬

西南交通大学出版社
·成　都·

图书在版编目（CIP）数据

环境化学实验 / 彭越，柏松，杨胜韬主编. —成都：西南交通大学出版社，2022.8
ISBN 978-7-5643-8683-2

Ⅰ. ①环… Ⅱ. ①彭… ②柏… ③杨… Ⅲ. ①环境化学 - 化学实验 - 高等学校 - 教材 Ⅳ. ①X13-33

中国版本图书馆 CIP 数据核字（2022）第 080271 号

Huanjing Huaxue Shiyan
环境化学实验

主　编 / 彭　越　柏　松　杨胜韬
责任编辑 / 牛　君
封面设计 / GT 工作室

西南交通大学出版社出版发行
（四川省成都市金牛区二环路北一段 111 号西南交通大学创新大厦 21 楼　610031）
发行部电话：028-87600564　028-87600533
网址：http://www.xnjdcbs.com
印刷：成都蜀通印务有限责任公司

成品尺寸　185 mm × 260 mm
印张　9　　字数　196 千
版次　2022 年 8 月第 1 版　　印次　2022 年 8 月第 1 次

书号　ISBN 978-7-5643-8683-2
定价　28.00 元

课件咨询电话：028-81435775

前言

高等教育在创新、融合与发展的新时代背景下，随着一流本科专业与一流本科课程建设的推进，创新人才的培养日益受到重视。本科教学不但要使学生的知识水平得到提高，更要培养学生的科学探索精神、综合创新能力和实践应用能力，为国家的自主创新提供智力支撑和人才储备。实验教学是高等学校培养学生创新实践能力的重要环节。通过实验教学，不但可以使学生巩固所学的理论知识，而且还可以更好地引发学生思考，激发科学探索的好奇心，启发学生发现问题和解决问题，培养学生的综合创新能力和实践能力。

本书是西南民族大学环境科学专业（四川省省级一流本科专业）环境化学课程（四川省省级一流本科课程）的建设成果，也是西南民族大学校级教育教学改革项目“线上线下混合式‘金课’研究与实践”（2021YB46）的成果。在教育部“双万计划”的背景下，学校深化教育教学改革，落实立德树人的根本任务，进一步铸牢中华民族共同体意识，环境科学专业各族师生在新时代教育教学实践过程中总结、提炼，编写成这本与环境化学理论课程紧密配合的环境化学实验教材。

本书根据环境化学实验特点以及实验涉及的环境介质不同分为五章：环境化学实验基础知识、大气环境化学实验、水环境化学实验、土壤环境化学实验与环境污染物的生物效应实验。其中第二至五章每章均包括基础与认识、探索与创新两部分。

本书编写分工如下：彭越编写第一章、第二章、第三章、第四章第一节的一与二、第四章第二节的一与二、第五章第一节的一、第五章第二节的二；柏松编写第四章第一节的三、第四章第二节的三、第五章第一节的二、第五章第二节的一；杨胜韬完成全书统稿工作；柏松、彭越完成本书校稿工作。

本书既可作为学习环境化学类实验的参考资料，也可为通过实验探索解决环境问题提供思路和方法。

由于编写时间仓促、编者水平有限，书中难免存在不妥之处，敬请读者批评指正。

编　者

2022 年 1 月

目录

第一章　环境化学实验基础知识……001
第一节　环境样品的采集与保存……002
一、大气环境样品的采集与保存……002
二、水样的采集与保存……006
三、土壤样品的采集与保存……011
四、生物样品的采集与保存……013
第二节　实验数据及其记录处理……015
一、实验误差……016
二、有效数字及其运算规则……018
三、实验数据的一般处理……019
第二章　大气环境化学实验……021
第一节　基础与认识……021
一、大气中二氧化硫（SO_2）的测定……021
二、大气中氮氧化物（NO_x）的测定……027
三、大气中臭氧（O_3）的测定……032
第二节　探索与创新……037
一、大气颗粒物中水溶性无机阴离子的浓度特征……037
二、城市降水的pH特征……043
三、气候箱法测量室内装饰板材的甲醛释放量……046
第三章　水环境化学实验……049
第一节　基础与认识……049
一、水体pH、溶解氧（DO）的测定与水质评价……049
二、天然水中不同价态微量铁的分析测定……052
三、正辛醇/水分配系数的测定……057
第二节　探索与创新……061
一、水体富营养化评价……061
二、地表水中的重金属（铅、锌、铜、镉）含量测定及水质评价……067

三、沉积物释放重金属（锌、铜、镉）的动力学实验 ……070
四、Fe(Ⅲ)-草酸盐配合物对橙黄Ⅱ的光降解 ……075
第四章 土壤环境化学实验 ……080
第一节 基础与认识 ……080
一、土壤阳离子交换量的测定 ……080
二、土壤对铜的吸附作用 ……085
三、土壤有机碳的测定 ……090
第二节 探索与创新 ……093
一、重金属在土壤-植物体系中的迁移 ……093
二、铅锌尾矿砂的淋溶实验 ……098
三、土壤有机碳储量的测定 ……102
第五章 环境污染物的生物效应实验 ……106
第一节 基础与认识 ……106
一、小球藻对铜和锌的富集 ……106
二、土壤酶活性 ……110
第二节 探索与创新 ……113
一、重金属对土壤脱氢酶活性的影响 ……113
二、碱性磷酸酶米氏常数的测定 ……116
参考文献 ……120
附 录 ……124
附录 A 环境空气质量标准（GB 3095—2012）节选 ……124
附录 B 地表水环境质量标准（GB 3838—2002）节选 ……126
附录 C 污水综合排放标准（GB 8978—1996）节选 ……127
附录 D 湖泊（水库）富营养化评价方法及分级技术规定
（总站生字〔2001〕090 号） ……131
附录 E 农用地土壤污染风险管控标准（试行）（GB 15618—2018）节选 ……133
附录 F 建设用地土壤污染风险管控标准（试行）（GB 36600—2018）节选 ……135
附录 G 常用的环境化学参数 ……137

第一章 环境化学实验基础知识

环境化学主要研究污染物在环境介质中的迁移、转化及其效应，为环境保护和污染防治提供依据，是化学与环境学的交叉学科。环境化学主要从化学学科视角来研究解决环境问题，因此离不开实验的检测和验证。本书根据环境化学实验的特点以及实验涉及的环境介质不同，将实验内容分为大气环境化学实验、水环境化学实验、土壤环境化学实验与环境污染物的生物效应实验四部分。

环境化学实验课一方面通过实验帮助学生认识环境介质中的污染物；另一方面综合运用环境化学的有关知识帮助学生探索、发现环境规律，激发好奇心，培养创新与实践能力，为污染防治与环境保护提供智力支撑。因此，本书将涉及不同环境介质的环境化学实验分为“基础与认识”和“探索与创新”两部分，以此体现课程的“两性一度”（高阶性、创新性和挑战度）。“基础与认识”部分主要是基础性和验证性实验，通过这些实验从化学的角度认识环境介质及其污染物的基本性质。“探索与创新”部分主要是综合性与创新性实验，其重要作用是让学生在实验实践中综合运用环境化学理论知识认识环境规律和环境问题。同“基础与认识”部分相比，这类实验属于高阶性实验，相对较复杂，需要测定多个环境指标，工作量较大，实验时间较长，实验设计性较强，是理论知识的具体应用和综合体现。不仅如此，这类实验还需要与区域环境的实际情况、环境质量标准相结合，自主进行实验设计和数据处理，从而得到有价值的结论，具有一定的创新性和挑战度。故将此类实验独立成篇，对学生开展大学生创新创业项目、完成毕业论文能够起到一定的启发作用。

环境化学的特点是从微观的原子、分子水平上，研究宏观的环境现象与变化的化学机制及其防治途径。其研究的环境是一个包含多因素的开放体系，变量多、条件复杂。化学污染物在环境中的含量很低，组成复杂，分布广泛，呈动态变化。因此，环境化学研究的方式方法不同于基础化学。

我们通过环境化学实验课在认识污染物的基础上，将环境污染现象与引起环境污染的化学因素联系起来。实验对象是环境样品中的污染物。实验样品需要通过现场采集获得，采集的环境样品应具有代表性，能够代表环境介质的整体情况，符合研究的目的和要求。环境样品在现场采集后一方面要运回实验室处理，另一方面由于受工作时间限制需要在实验室存放，涉及保存问题。保存过程中要求污染物在环境样品中不发生变化。因此，在对环境污染物进行实验研究以前，首先要解决环境样品的合理采集和保存问题。

第一节　环境样品的采集与保存

环境样品的采集应遵循以下原则：

（1）采集环境样品的数量足以反映环境状况；

（2）采集环境样品的空间位置具有代表性；

（3）采集环境样品的时间和频率能够满足研究的目的和要求；

（4）采样容器满足要求；

（5）采样过程中环境样品不发生变化。

环境样品的保存应满足以下要求：

（1）保存过程中环境样品中的待测物不发生变化；

（2）不引入其他物质污染环境样品。

一、大气环境样品的采集与保存

（一）大气样品的采集

1. 采样点的布设原则

（1）监测点周围 50 m 范围内不应有污染源。

（2）点式监测仪器采样口周围、监测光束附近或开放光程监测仪器发射光束与接收端之间不能有阻碍环境空气流通的高大建筑物、树木或其他障碍物。从采样口或监测光束到附近最高障碍物之间的水平距离，应为该障碍物与采样口或监测光束高度差的 2 倍以上。

（3）采样口周围水平面应保证 270°以上的捕集空间，如采样口一边靠近建筑物，采样口周围水平面应有 180°以上的自由空间。

（4）监测点周围环境状况相对稳定，安全防火措施有保障。

（5）监测点附近无强大的电磁干扰，周围有稳定可靠的电力供应，通信线路容易安装和检修。

（6）监测点周围应有合适的车辆通道。

（7）对于手工间歇采样，采样口离地面高度应为 1.5 ~ 15 m；对于自动监测采样，采样口或监测光束离地面的高度应为 3 ~ 15 m；对于道路交通污染监测点，采样口离地面高度应为 2 ~ 5 m。

（8）在保证监测点具有空间代表性的前提下，若所选点周围半径 300 ~ 500 m 内建筑物的平均高度在 20 m 以上，无法按满足手工间歇采样和自动监测采样的要求设置时，其采样口高度可以在 15 ~ 25 m 内选取。

（9）在建筑物上安装监测仪器时，监测仪器的采样口离建筑物墙壁、屋顶等支撑物表面的距离应大于 1 m。

（10）有多个采样口，颗粒物采样口与其他采样口的直线距离应大于 1 m，若使用大流量总悬浮颗粒物采样装置进行并行监测，其他采样口与颗粒物采样口的直线距离应大于 2 m。

（11）空气质量监测点，应避免车辆尾气或其他污染源直接对监测结果产生干扰，点式监测仪器采样口与道路边缘之间的最小间隔应按相关要求确定。

（12）污染监测点的具体设置原则根据监测目的，由地方环境保护行政主管部门确定。针对道路交通的污染监测点，采样口与道路边缘的距离不得超过 20 m。

术语解释：

（1）环境空气质量手工监测指在监测点位用采样装置采集一定时段的环境空气样品，将采集的样品在实验室用分析仪器分析、处理的过程。

（2）环境空气质量自动监测指在监测点位采用连续自动监测仪器，对环境空气质量进行连续的样品采集、处理、分析的过程。

（3）点式监测仪器指在固定点上通过采样系统将环境空气采入并测定空气污染物浓度的监测分析仪器。

（4）开放光程监测仪器指采用从发射端发射光束经开放环境到接收端的方法，测定该光束光程上平均空气污染物浓度的仪器。

2. 采样点位置与数目

采样点设置的数目受监测范围大小、污染物的空间分布特征、人口分布及密度、气象、地形、经济条件等因素的影响。根据环境监测的目的不同，将监测采样点分为城市点、区域点、背景点、污染监控点和路边交通点。

（1）城市点。

城市点是为了监测城市建成区的空气质量整体状况和变化趋势而设置的监测点。采样点布设覆盖全部城市建成区，并相对均匀分布。城市点设置的最少数量根据城市建成区面积和人口数量确定，具体见表 1-1。

表 1-1　城市点布设数量要求

建成区城市人口/万人	建成区面积/km^2	最少监测点数
<25	<20	1
25 ~ 50	20 ~ 50	2
50 ~ 100	50 ~ 100	4
100 ~ 200	100 ~ 200	6
200 ~ 300	200 ~ 400	8
>300	>400	按每 50 ~ 60 km^2 建成区面积设 1 个监测点，并且不少于 10 个监测点

（2）区域点和背景点。

区域点和背景点应远离城市建成区和主要污染源。区域点应布设在大气环流路径上，布设的数量由国家环境保护行政主管部门根据国家规划设置，应兼顾区域面积和人口因素。各地方可根据环境管理的需要，申请增加区域点数量。

背景点设置在不受人为活动影响的清洁地区，反映国家尺度空气质量本底水平，应考虑海拔，在山区位于局部高点，在地势平缓地区应位于开阔地带的相对高地处。

（3）污染监控点和路边交通点。

污染监控点应设置在固定污染源对环境质量产生明显影响以及污染物浓度高的地区。路边交通点一般设置在行车道下风侧。污染监控点和路边交通点由地方环境保护主管部门组织各地环境监测机构，根据本地区环境管理需要确定布设的数量。

3. 采样频率和采样时间

采样频率和采样时间要根据监测目的、污染物分布特征、分析方法的灵敏度等因素确定。为了保证污染物监测统计的有效性，《环境空气质量标准》（GB 3095—2012）中对污染物监测时间和频率做了有关规定，如表 1-2 所示。

表 1-2　污染物监测数据的有效性规定

污染物项目	平均时间	数据统计的有效性规定
二氧化硫、二氧化氮、可吸入颗粒物、细颗粒物、氮氧化物	年平均	每年至少有 324 个日平均值，每月至少有 27 个日平均值（2 月至少有 25 个日平均值）
二氧化硫、二氧化氮、可吸入颗粒物、细颗粒物、氮氧化物	24 h 平均	每日至少有 20 个小时平均值或采样时间
臭氧	8 h 平均	每 8 个小时至少有 6 个小时平均值
二氧化硫、二氧化氮、一氧化碳、臭氧、氮氧化物	1 h 平均	每小时至少有 45 min 的采样时间
总悬浮颗粒物、苯并（a）芘、铅	年平均	每年至少有分布均匀的 60 个日平均值 每月至少有分布均匀的 5 个日平均值
铅	季平均	每季至少有分布均匀的 15 个日平均值 每月至少有分布均匀的 5 个日平均值
总悬浮颗粒物、苯并（a）芘、铅	24 h 平均	每日应有 24 h 的采样时间

4. 布点方法

大气环境监测根据监测目的不同，分为常规监测和污染源监测，它们有不同的监测布点方法。

常规监测布点方法有功能区布点法、网格布点法；污染源监测布点的方法有同心圆布点法和扇形布点法。

（1）功能区布点法。

功能区布点法将监测区域划分为工业区、商业区、居民区、工业和居民混合区、交通稠密区、清洁区等，然后根据情况在各功能区设置一定数量的采样点。一般，在污染源集中的工业区和人口较密集的居民区多设采样点。

（2）网格布点法。

网格布点法将监测区域划分成若干均匀的网状方格，采样点设在两条直线的交点处或网格中心，如图 1-1 所示。网格大小根据污染源强度、人口分布及人力、物力条件等确定，形状为正方形，在地图上绘出。若主导风向明显，下风向的采样点应设置多一些，一般约占总数的 60%。该布点方法适用于有多个污染源，且分布均匀的地区。它能反映污染物的空间分布情况，对指导城市环境规划和管理有重要意义。

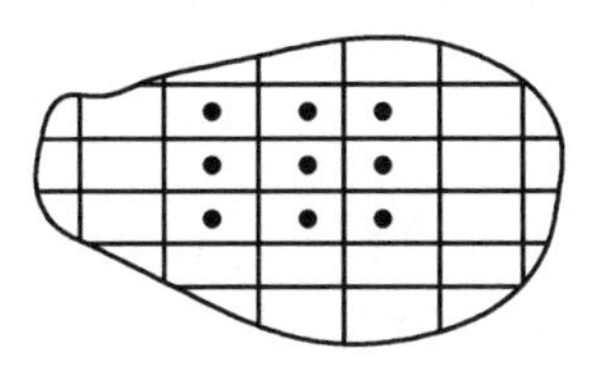

图 1-1　网格布点法

（3）同心圆布点法。

同心圆布点法以污染源（或污染群的中心）为圆心作若干同心圆，再从圆心作若干放射线，将放射线与圆周的交点作为采样点，如图 1-2 所示。不同圆周上的采样点数目可以不相等，常年主导风向的下风向比上风向多设一些采样点。该方法适用于多个污染源构成的污染群，且污染较集中的地区。

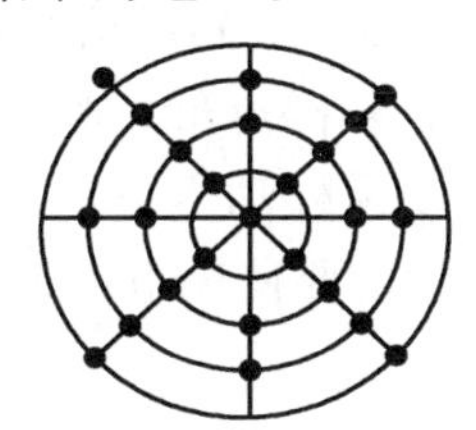

图 1-2　同心圆布点法

（4）扇形布点法。

扇形布点法以点源所在位置为顶点，主导风向为轴线，在下风向区域作扇形区作为布点范围。扇形区的顶角一般为 45°，也可以更大，但不能超过 90°。采样点设在扇形区域内若干弧线上，如图 1-3 所示。每条弧线设 3 ~ 4 个采样点，相邻两点与顶点连线所成的夹角一般取 10° ~ 20°。一般，上风向设对照点。扇形布点法适用于主导风向明显、孤立高架点源。

同心圆布点法和扇形布点法应考虑高架点源污染物的扩散特点，同心圆或弧线在靠近浓度最大值的地方设置密一些。

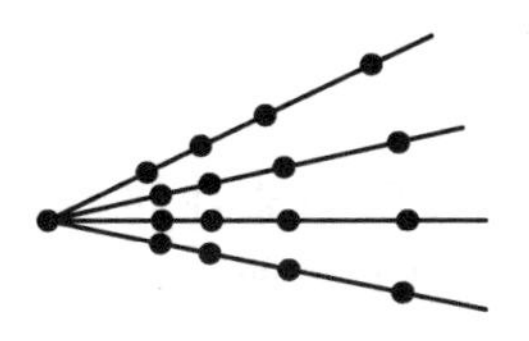

图 1-3　扇形布点法

5. 采 样

（1）采样方法。

采集大气样品的方法分为直接采样法和富集（浓缩）采样法两类。

① 直接采样法。

运用注射器、塑料袋、采气管、真空瓶（管）等直接采集气样，监测、分析被测组分，称为直接采样法。该方法测得的是瞬时浓度或短时间内的平均浓度，可以较快得到分析结果。

② 富集（浓缩）采样法。

运用溶液吸收、固体阻留、低温冷凝及自然沉降等方法，在较长时间内采样，并于采样过程中对待测组分进行浓缩，称为富集（浓缩）采样法。该方法测得的结果代表采样时的平均浓度，更能反映空气污染的真实情况。

（2）采样装置。

用于大气样品采集的装置主要由收集器、流量计和采样动力三部分组成。

收集器是收集大气中待测物质的装置。常用的收集器包括气体吸收管（瓶）、填充柱、滤料、低温冷凝法的采样管等，可根据被采集物质的存在状态、理化性质等选用。

流量计是测量气体流量的仪器，通过测定的流量可以计算所采集气体的体积。常用的流量计包括皂膜流量计、孔口流量计、转子流量计、临界孔稳流器和湿式流量计。

采样动力是抽气装置，根据所需采样流量、收集器的类型及采样点的条件选择。注射器、连续抽气筒、双连球等手动采样动力适用于采样量小、无市电供应的情况。如采样时间较长或采样量要求较大，需要使用电动抽气泵。

（二）大气样品的保存

大气样品一般要求立即分析，否则应冷藏保存。对于吸收在采样管中的富集样品，密封管口，可较长时期保存。例如，用活性炭采集空气中的苯蒸气，密封保存，2 个月内含量稳定不变。

二、水样的采集与保存

（一）水样的采集

1. 水体采样点的设置

（1）布设原则。

地表水采样点的布设应遵循以下原则：

① 尽可能以最少的断面获取有足够代表性的环境信息。

② 有大量废（污）水排入江、河的主要居民区、工业区的上游和下游，支流与干流汇合处，入海河流河口及受潮汐影响的河段，国际河流出入国境线的出入口，湖泊、水库出入口，应设置监测断面。

③ 饮用水源地和流经主要风景游览区、自然保护区、与水质有关的地方病发病区、严重水土流失区及地球化学异常区的水域或河段，应设置监测断面。

④ 监测断面的位置要避开死水区、回水区、排污口处，尽量选择河床稳定、水流平稳、水面宽阔、无浅滩的顺直河段。

⑤ 监测断面尽可能与水文测量断面一致。

（2）河流监测断面及采样点的设置。

江河水系或某一河段，一般要求设置 3 种监测断面：对照断面、控制断面和削减断面，如图 1-4 所示。

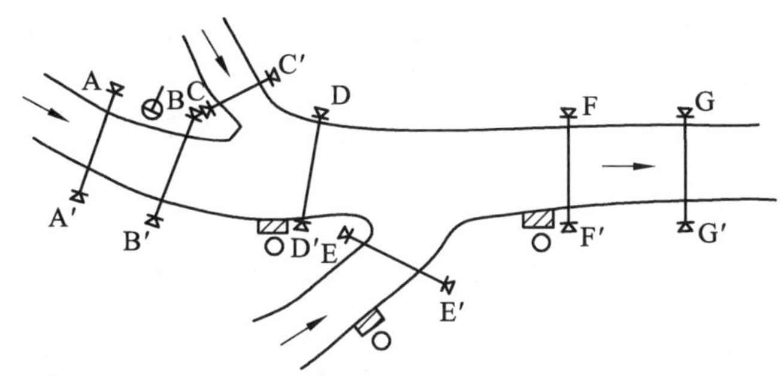

→：水流方向；⏀：自来水厂取水点；o：污染源；▨：排污口；A—A′：对照断面；B—B′、C—C′、D—D′、E—E′、F—F′：控制断面；G—G′：削减断面。

图 1-4　河流监测断面示意图

对照断面是为了解流入监测河段前的水体水质状况而设置的，用以判断水体的污染程度，做对照用。一般一个河段只设一个对照断面。

控制断面是为评价、监测河流两岸污染源对水体水质的影响而设置的。控制断面的数量根据城市工业布局和排污口分布情况而定，位置与废水排放口的距离则根据主要污染物的迁移转化规律、河水流量与河道水力学特征确定。控制断面一般设置在废水与河水基本混合均匀处，对重点保护水域或有特殊要求的区域应增设控制断面。

削减断面是河流接纳废污水后，污染物经稀释扩散和自净作用后，浓度显著下降处布设的监测断面。断面左、中、右三点浓度无明显差异。一般设在最后一个排污口下游 1500 m 以外。

在监测断面基础上，根据水面宽度确定断面上的采样垂线：水面宽度小于 50 m，中泓垂线为采样垂线；水面宽度为 50 ~ 100 m，在近左、右岸有明显水流处各设一条采样垂线；水面宽度大于 100 m，左、中、右各设一条采样垂线。

然后，根据垂线的深度确定采样点的位置和数量：水深小于 0.5 m，在水深 1/2 处设一个采样点；水深为 0.5 ~ 5 m，水面下 0.5 m 处设一个采样点；水深为 5 ~ 10 m，水面下 0.5 m 处与水底上 0.5 m 处各设一个采样点；水深大于 10 m，水面下 0.5 m、1/2 水深处、水底上 0.5 m 处各设一个采样点。

（3）湖泊、水库采样点的设置。

在进出湖泊、水库的河流汇合处设置监测断面；以各功能区为中心，在其辐射线上布设弧形监测断面；按水体类别和功能设置监测断面，如湖、库中心，深、浅水区，滞留区，鱼类洄游产卵区，水生生物经济区等。

湖、库采样点的设置与河流类似。但由于湖、库存在水温分层现象，应先测不同深度的水温、溶解氧等指标，掌握水质变化规律，根据温度分层与采样点的关系，确定垂线上采样点的数量与位置。

（4）海水采样点的设置。

海水采样的布点原则是：近海岸较密，远海岸较疏，应合理布设在环境质量发生明显变化或有重要功能用途的海域。近岸海域空间尺度大，一般采用网格布点法设置监测断面，网格密度根据海域范围和污染情况确定；对存在污染河流入海的情况，可作扇形布设监测断面；海洋环境功能区采用收敛型集束式（近似扇形）法布设监测断面。采样点根据水深分层确定，同时要设置明显的标志物或采用 GPS（全球定位系统）准确定位。

（5）地下水采样点的设置。

对于地下水，一般布设两类采样井，用于背景值监测和污染监测。根据地下水的类型与开采强度分区，以开采层为主，兼顾深层和自流地下水，布设采样井。布设采样点时，主要供水区密，一般地区稀，城区密，农村稀，污染严重区密，非污染区稀，并且尽量与现有地下水水位观测井网相结合。在地下水主要补给来源的地区，可在垂直于地下水流的上游方向，布设一个或多个背景值采样井。

2. 污染源采样点的设置

作为污染源的废水，一般经管道或渠、沟排放，截面较小，不需要设置断面，直接确定采样点位置。采样点的设置一般遵循以下原则：

（1）工业废水和医院污水。

对于一类污染物，如汞、镉、砷、有机氯化合物等对人体健康有长远影响的污染物，在车间或车间设施废水排放口设置采样点。

对于二类污染物，如悬浮物、硫化物、挥发酚等长远影响小于一类污染物的，在工厂废水总排放口布设采样点。

已有废水处理设施的工厂，在处理设施排放口布设采样点。为了解处理设施的处理效果，可在进出口处分别设置采样点。

在排污渠道上，采样点应设置在渠道较直、水量稳定的位置。

（2）生活污水。

采样点设置在污水进口和处理后总排放口。为评价处理效果，可在污水处理厂进水、各处理单元出水及总排放口处布设采样点。

3. 采样时间与采样频率

采样时间与采样频率应能反映水质在时空上的变化特征并具有较好的代表性，力求以最少的采样次数，获得最有代表性的样品。

（1）地表水。

背景断面每年采样 1 次；较大河流、湖泊、水库上的监测断面，全年采样不少于 6 次，采样时间可设在丰、平、枯水期。底泥每年在枯水期采样 1 次。

（2）地下水。

地下水的背景监测井每年采样 1 次，作为饮用水集中供水水源的地下水监测井每月采样 1 次；污染调查与控制监测井也是每月采样 1 次。

（3）废（污）水。

对水质比较稳定的废（污）水采样，按生产周期确定采样频率：生产周期在 8 h 以内的，每 2 h 采样一次；生产周期大于 8 h 的，每 4 h 采样一次；其他污水采样，每 24 h 不少于 2 次。所排放的废水中有第一类污染物的单位，废水的污染物浓度和废水流量同步监测。重点污染源，每年至少 4 次总量控制监督性监测（每季度 1 次）；一般污染源每年 2～4 次（上、下半年各 1～2 次）监督性监测。

4. 采样器

在采样点，需要使用采样器采集水样。一般可使用直立式或有机玻璃采样器。对于水流湍急的开阔河段或湖泊（水库），可采用急流采样器。由于采集的水样与空气隔绝，采得的水样也可用于水中溶解性气体的测定。

5. 水样类型

在各采样点采得水样以后，有时将采得的水样直接作为待测水样进行测定，有时则需要按一定方式混合形成所需待测水样以后进行测定。根据形成待测水样方式的不同，可以将水样分为瞬时水样、混合水样和综合水样三种类型。

（1）瞬时水样。

瞬时水样是指在某一时间和地点从水体中随机采集的不连续水样，适用于采集水质比较稳定的水样。对于水质随时间发生变化的情况，当需要掌握水质随时间的变化规律时，也要采集瞬时水样。

（2）混合水样。

混合水样是指某一时段，在同一采样点以相等时间间隔采集等体积的多个水样，经混合均匀后得到的水样。该采样方式适用于流量较稳定但水中污染物浓度随时间变化的水体。这类水样能体现水体的平均情况。

（3）综合水样。

综合水样是指在不同采样点同时采集的各个瞬时水样混合后所得到的水样，也可以是特定采样点分别采集的不同深度水样经混合后得到的水样。常需要将代表断面上各采样点或几个废（污）水排放口采集的水样按流量比例混合。综合水样反映水体的平均情况。

（二）水样的运输与保存

1. 水样的运输

对采集的每一个水样，都应该做好记录，并在采样瓶上贴好标签，尽快运输到实验室。为保证水质不发生较大变化，水样的运输时间一般控制在 24 h 以内。

运输过程中要注意：对水样要妥善包装，塞紧瓶塞，运输过程中不发生破损或丢失；将采样瓶装箱，采用泡沫塑料减震并防止碰撞；夏季要冷藏，冬季要保温。

2. 水样的保存

为保证水样不被玷污或待测组分不发生变化，存放水样的容器材料应当性质稳定、含杂质少。常用的容器材质包括玻璃、石英、聚乙烯和聚四氟乙烯。其中，广泛使用的是聚乙烯和玻璃材质的容器。

水样的监测项目大部分需要在实验室测定，有时在实验室内还需存放一定时间后才能分析。在保存水样过程中，为降低水样中待测组分的变化程度或者减缓变化速率，需要采取适宜的保护性措施。常用的保护性措施有以下几种：

（1）冷藏或冷冻。

低温下，微生物的活动受到抑制，物理挥发和化学反应速率减慢。冷藏温度一般为 2 ~ 5 °C，冷冻温度一般在-20 °C。水样在冷冻过程中体积会发生膨胀，因此冷冻保存时，水样不能充满整个容器。另外，要特别注意冷冻过程和解冻过程对水质的影响。

（2）加入化学试剂保存。

① 加生物抑制剂。

在水样中加入生物抑制剂可以抑制微生物活动。如在测定氨氮的水样中加入 $HgCl_2$，可抑制生物的氧化还原作用。

② 调节 pH。

加入酸或碱调节水样的 pH，使一些不稳定态的待测组分转变成稳定态。如测定水样中的金属离子，常加酸调节水样 $pH \leqslant 2$，防止金属离子水解、沉淀或被容器壁吸附。

③ 加入氧化剂或还原剂。

在水样中加入氧化剂或还原剂可以阻止或减缓某些组分发生氧化还原反应。如在水样中加入抗坏血酸可以防止硫化物被氧化。

在水样中加入试剂保存的原则是不影响后续的分析测试工作，如果加入的保存剂是液体，要记录体积的变化。加入的保存试剂应当为优级纯试剂。

（三）底质的采集与保存

1. 底质的采集

（1）监测断面：一般与水质监测断面相同，尽可能重合。

（2）采样频率：远低于水样，一般枯水期采集 1 次。

（3）样品量：1 ~ 2 kg。

（4）采样方法：用挖式（抓式）采样器采集大量样品，用锥式采样器采集较少量样品，用管式泥芯采样器采集柱状样品。

2. 底质的保存

对用于分析硫化物的底质样品（湿样），可装入广口瓶中，加入少量10%醋酸锌，放冰箱保存；对用于其他污染物分析的底质样品（湿样），可放入广口瓶或塑料袋中，放冰箱保存。另外，也可以将湿润的土样干燥后保存：在室内常温下风干或在 40 ~ 60 °C 恒温箱内烘干，冷却后磨碎，装入广口玻璃瓶中保存。

三、土壤样品的采集与保存

（一）土壤样品的采集

土壤介质与大气、水体相比，较为显著的不同之处是缺乏流动性，污染物在土壤介质中的分布均匀性较差。因此，在进行土壤样品的采集时需更加注意所采集试样的代表性和典型性。

1. 采样点的设置

污染土壤样品的采样点布设方式有对角线、梅花形、棋盘式和蛇形等。

（1）对角线布点法。

对角线布点法适用于面积较小、地势平坦的废（污）水灌溉或污染河水灌溉的田块。从田块进水口引一条对角线，在对角线上至少分五等份，以等分点为采样点，如图 1-5（a）所示。

（2）梅花形布点法。

梅花形布点法适用于面积较小、地势平坦、土壤物质和污染程度分布较均匀的地块。地块两对角线交点处为中心分点，一般设 5 ~ 10 个采样点，如图 1-5（b）所示。

（3）棋盘式布点法。

棋盘式布点法适用于中等面积、地势平坦、地形完整开阔，但土壤污染物分布较不均匀的地块。该方法一般设 10 个或 10 个以上采样点，如图 1-5（c）所示。

（4）蛇形布点法。

蛇形布点法适用于面积较大、地势不平坦、土壤不够均匀的地块。布设的采样点数目较多，如图 1-5（d）所示。

（5）放射状布点法。

放射状布点法适用于大气污染型的土壤。该方法以大气污染源为中心，向周围画辐射线，在射线上布设采样点，如图 1-5（e）所示。

（6）网格布点法。

网格布点法适用于地势平缓的地块。该方法将地块划分成若干均匀网状方格，采样点设在两条直线的交点处或方格的中心，如图 1-5（f）所示。该方法常用于农用化学物质污染型土壤和土壤背景值调查。

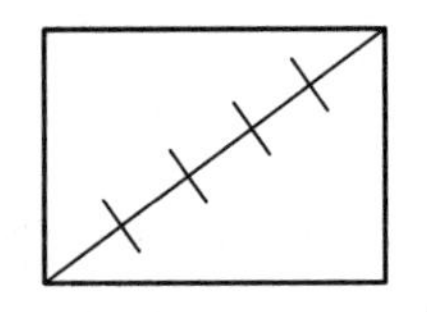
（a）对角线布点法

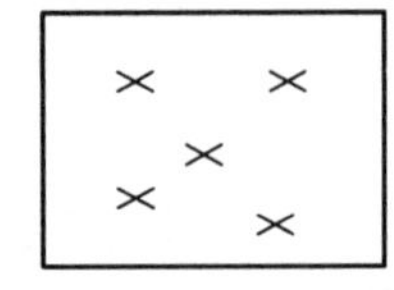
（b）梅花形布点法

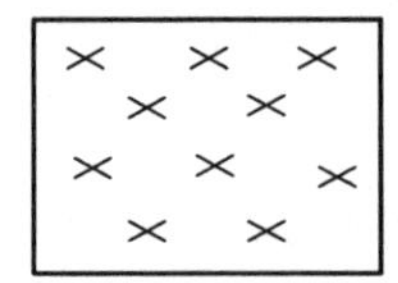
（c）棋盘式布点法

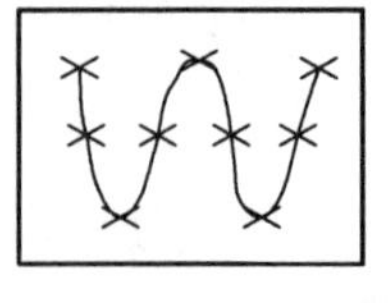
（d）蛇形布点法

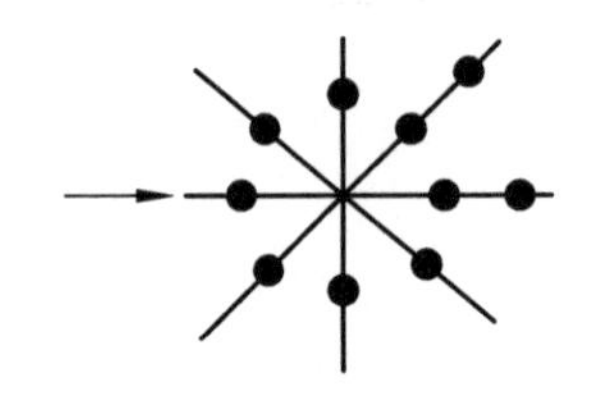
（e）放射状布点法

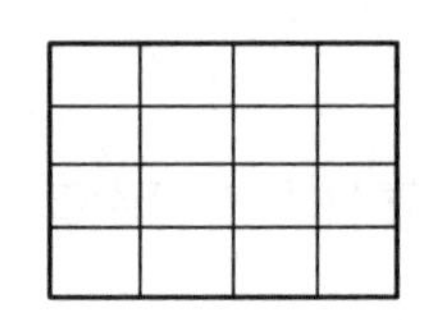
（f）网格布点法

图 1-5　土壤样品采样点的设置

2. 采样时间

根据采样对象和研究目的确定土壤样品的采集时间。测定土壤的物理性状，应在早春采样；测定土壤化学性质在垂直面和水平面的变化情况，应在同一时间采样；调查土壤对植物生长的影响，需要在不同的植物生长期和收获期采集土壤和植物样品；调查大气污染造成的土壤污染，至少每年采样 1 次；调查水污染带来的土壤污染，要在灌溉前后分别采集土壤样品；测定农药残留情况，要在当年施用这种农药前采集土壤样品，然后在作物生长的不同阶段采集土壤样品，并且与植物样品同时采集。

3. 采样方法

在土壤样品的采集过程中常用的采样方法有：

（1）分层采样法。

以研究土壤发生问题和调查土壤基本成分为主要目的，分析研究每个土壤剖面各个层次的养分含量或某些化学元素的移动情况时，需采用分层采样法采样。选择有代表性的采样点，按规定挖掘完整的土壤剖面，确定土壤发生层，采集每层的中间部位，逐层采样，每层采集的土壤大约 1 kg，以满足分析测试的需要。采得土壤样品后，装袋，注明土壤名称、采样地点、层次、深度及采集日期。

（2）混合采样法。

为了解植物生长期内的土壤耕层养分或污染物情况时，可采用混合采样法采集土壤样品。首先，根据土壤类型及土壤差异情况划分采样单元，然后按照一定的采样路线，每个单元采集 5 ~ 10 个（或 10 ~ 20 个）采样点的可耕层土样，混合后得到混合样。

要注意的是，每个采样点取样的土层厚度、深浅、宽窄应尽量一致。采样工具为金属制品时，接触金属工具的外部土壤都应该用手剥离，特别是分析重金属项目的土样，应采用非金属采样器或将与金属工具接触的部分剥去。

4. 采样器

常用于采集土壤样品的采样器有小土铲、环刀和普通土钻。小土铲主要用于采集表层土。用环刀所采集的土样一般用于研究土壤的物理性质。土壤采样中最常用的工具是土钻。土钻分为手工操作和机械操作两类。手工土钻样式很多，有短柄土钻、开口式土钻和套筒式土钻等。机械采土钻由电动机带动，使钻体进入一定深度的土壤，然后将土柱提升观察，按需要切割采样。

（二）土壤样品的制备与保存

1. 土壤样品的制备

土壤样品的制备程序包括风干、磨碎、过筛、混合、分装，制成满足分析要求的土壤样品。加工处理工作应在向阳（避免阳光直射）、通风、整洁、无扬尘、无挥发性化学物质的房间内进行。

（1）风干。

在风干室将土样倒在白色搪瓷盘内或塑料膜上，摊成约 2 cm 厚，拣出碎石、砂砾及树枝残叶等杂质，用玻璃棒压碎、翻动，使其均匀风干。

（2）磨碎与过筛。

风干后的土样用玻璃棒或木棒碾碎后过筛，除去筛上的砂砾和动植物残体。筛下样品用四分法反复缩分，留下足够分析用的量。再用研钵磨细，过 100 目尼龙筛，过筛后搅拌均匀，放入预先清洗并烘干冷却的小磨口玻璃瓶中备用。

2. 保　存

风干过筛后的土壤样品保存期通常为半年至一年，以备核查。保存期内，应定期检查土壤保存情况，防止霉变、鼠害和土壤样品标签脱落等。用于测定挥发性和不稳定组分的新鲜土样，存放在玻璃瓶中，置于 4 °C 以下的冰箱内，低温保存半个月。

四、生物样品的采集与保存

（一）植物样品的采集与制备

1. 植物样品的采集

植物样品应具有代表性。根据污染情况或区域环境状况，选择合适的地段作为采样区，再在采样区内划分若干小区，采用适宜的方法布点，如图 1-6 所示，确定代表性的植株。

所采集的植株部位要能充分反映通过监测所要了解的情况。根据要求分别采集植株的不同部位，如根、茎、叶、果实，不能将各部位样品随意混合。

在植物不同生长发育阶段，施药、施肥前后，适时采样监测，以掌握不同时期的污染状况对植物生长的影响。

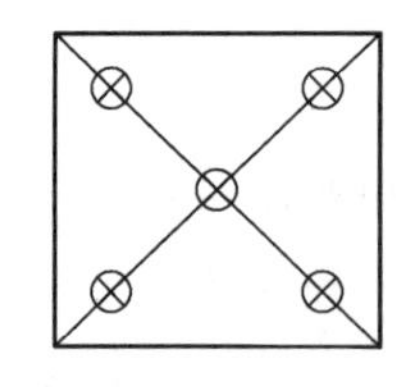

(a)梅花形布点法

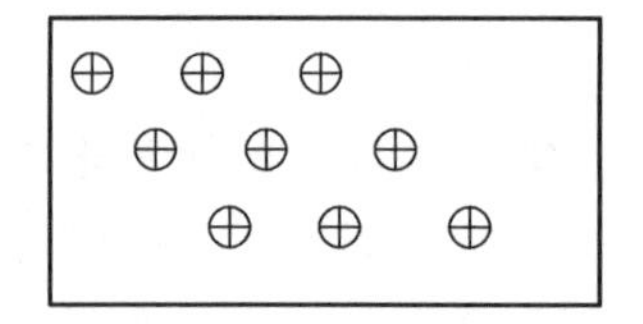

(b)交叉间隔布点法

图 1-6　植物样品采样点布设

2. 植物样品的制备与保存

(1)鲜样的制备。

测定植物中容易挥发、转化或降解的污染物质，测定营养成分以及多汁的瓜、果、蔬菜样品，应使用新鲜样品。

① 将样品用清水、去离子水洗净，晾干或拭干。

② 将晾干的鲜样切碎、混匀，称取 100 g 于电动高速组织捣碎机的捣碎杯中，加适量蒸馏水或去离子水，开动捣碎机 1 ~ 2 min，制成匀浆。

③ 对于含纤维多或较硬的样品，可用不锈钢刀或剪刀切（剪）成小片或小块，混匀后在研钵中加石英砂研磨。

(2)干样的制备。

分析植物中稳定的污染物，如某些金属元素和非金属元素、有机农药等，一般用风干样品。

① 洗净、风干。于干燥通风处风干，如果遇到阴雨天或潮湿气候，可放在 40 ~ 60 °C 鼓风干燥箱中烘干。

② 磨碎（或粉碎）。如测定重金属元素，应避免受金属器械污染，最好用玛瑙研钵磨碎。

③ 过筛。根据要求，过孔径为 1 mm 或 0.25 mm 的筛。如测定某些金属含量的样品，需过尼龙筛。

④ 储存。制备好的样品储存于磨口玻璃广口瓶或聚乙烯广口瓶中备用。

(二)水生生物样品的采集

1. 浮游生物的采集

(1)采样垂线的设置。

浮游生物采样垂线的设置应遵循以下原则：本着代表性原则，根据各类水生生物生长与分布特点布设采样垂线；与水质监测采样垂线尽可能一致；根据实地勘查或调查掌握的信息，确定代表性水域采样垂线的布设密度与数量。

(2)采样点布设。

由于浮游生物在垂直分布上有差异，根据水深不同，采集不同深度的水样进行混合才具有代表性，而且采集的水样层次越多越具有代表性。当水深小于 3 m、水体混合均匀、透光可达到水底层时，在水面以下 0.5 m 布设采样点；当水深为 3 ~ 10 m，水体混合较为均匀、透光不能达到水层时，分别在水面以下和水底以上 0.5 m 布设采样点；当水深大于 10 m，在透光层或温跃层以上的水层，分别在水面以下 0.5 m 和最大透光深度处布设采样点，另在水底上 0.5 m 处布设采样点。如要了解和掌握水体中浮游生物的垂直分布，可每隔 1.0 m 水深布设一个采样点。

（3）浮游生物采集工具。

采集浮游生物的工具是网具。网具有定性网和定量网之分。定性网由铜环与缝制在环上的圆锥形筛网组成，末端设有一个浮游生物集中环，捞取浮游生物的时间根据生物量的多少为 1 ~ 3 min。定量网的网前端有前小后大的两个金属环，两环之间有一圈称为上锥部的帆布，它的功能是减少浮游生物向外的流失。

（4）浮游生物样品的保存方法。

如果要观察浮游生物活体标本，采集浮游生物后应迅速进行。如果进行非活体观察，则需要用 5%的福尔马林液固定。

2. 着生生物的采样

虽然可以在水体的天然基质上采集到着生生物，但在天然基质上采集着生生物非常困难，因此一般用人工基质采集。广泛采用的人工基质是载玻片。采样时可将载玻片固定在挂片架上，固定挂片架在水体固着物上。载玻片放置的深度一般在水面下 5 ~ 10 cm 或 20 ~ 30 cm，2 周后刮下载玻片上着生的藻类，反复冲洗，用蒸馏水或采样点的水稀释到一定水量，测定出着生藻类的种类和数量，评定水质。

3. 底栖动物的采样

常规底栖动物的采样分为定性采样和定量采样。

（1）定性采样。

水深不超过 50 cm 时，可将石块及砾石取出，用镊子取下标本，放入瓶内固定。水深超过 50 cm 时，底质为泥沙，可用三角拖网拖拉一段距离或手抄网取样，过 0.45 mm（40 目）分样筛，将标本筛出，固定。

（2）定量采样。

定量采样的采样器包括采泥器和人工基质采样器。

采泥器适用于淤泥底质和沙泥底质。利用采泥器自重沉入水底，取出一定面积的底泥，推算出水体中底栖生物的数量。该方法适用于采集昆虫幼虫、寡毛类及小型软体动物。人工基质采样器采样不受河流底质限制，能采集到未成熟的昆虫、腔肠动物和其他较大的无脊椎动物。在采样点底部放置铁笼，固定在桥墩、航标或木桩上，2 周后取出，收集附着物后用分样筛筛出标本，经清洗后用固定液固定。

第二节　实验数据及其记录处理

环境化学实验中，需要采用一定的方法，使用仪器和试剂对污染物进行定量测定，定量测定的结果应具有一定的准确度，以得出科学的结论。但是在分析测定过程中，受测量仪器、分析方法、实验条件等因素以及实验人员主观因素等方面的限制，测定结果与客观存在的真值之间存在误差。

对于不可避免的误差，我们需要了解其产生的原因。根据实验目的与要求，选择合适的分析测试手段，使误差减小到最低，尽可能获得准确的实验结果。另外，分析测定完成后需要对实验结果进行评价，判断测定结果的准确性。对实验结果进行合适的处理，才能得到有价值的实验结论。

一、实验误差

（一）准确度与误差

准确度指测定值（x）与真值（T）之间的符合程度，可以用绝对误差（E）表示：

$$E=x-T \tag{1-1}$$

误差的大小是衡量准确度高低的尺度。误差越小，准确度越高；误差越大，准确度越低。

误差也可以用相对误差 E_r 来表示：

$$E_r=\frac{E}{T}\times 100\% \tag{1-2}$$

在实际工作中，近似地用测定值（x）代替真值（T），表示相对误差：

$$E_r\approx\frac{E}{x}\times 100\% \tag{1-3}$$

当绝对误差相同时，被测量的值越大，相对误差越小，测量的准确度越高。因此，用相对误差比较各种情况下测定结果的准确度更为确切。

（二）误差的来源与分析

根据误差的性质和产生的原因，可以将误差分为系统误差和随机误差两类。

1. 系统误差

系统误差是由分析过程中某些经常发生的原因造成的，对分析结果的影响比较固定，在同一条件下重复测定时，会重复出现。因此，误差的大小往往可以估计，并可设法减小或校正。其主要来源包括方法误差、仪器误差、试剂误差和操作误差。

2. 随机误差

随机误差又称为偶然误差，是由某些难以控制的偶然原因所引起的。消除系统误差后，在同样条件下进行多次测定，随机误差的分布服从正态分布。

除以上两类误差外，有时还有实验人员的粗心大意，不遵守操作规程造成的过失，这不属于误差范围。正确的测定数据中不应包含这种错误数据。当出现较大误差时，应查找原因，剔除由过失引起的错误数据。

（三）精密度与偏差

精密度指在相同条件下多次重复测定（即平行测定）结果相互吻合的程度，它表现了测定结果的再现性。精密度常用偏差、平均偏差、标准偏差或变异系数来衡量。

1. 偏　差

偏差分为绝对偏差和相对偏差。绝对偏差（d）是个别测定值（x_i）与各次测定算术平均值之差：

$$d = x_i - \overline{x} \tag{1-4}$$

相对偏差（d_r）是绝对偏差占算术平均值（$\overline{x}$）的比例。

$$d_r = \frac{d}{\overline{x}} \times 100\% \tag{1-5}$$

2. 平均偏差

平均偏差指各次偏差的绝对值的平均值，可以用来衡量一组数据总的精密度，简称均差。均差分为绝对均差（$\overline{d}$）和相对均差（$\overline{d}_r$）：

$$\overline{d} = \frac{|d_1| + |d_2| + \cdots + |d_n|}{n} \tag{1-6}$$

式中　n——测定次数。

$$\overline{d_r} = \frac{\overline{d}}{\overline{x}} \times 100\% \tag{1-7}$$

3. 标准差

当一批分析测定所得数据的分散程度较大时，仅从其平均偏差不能说明精密度的高低，需采用标准差（也称标准偏差）衡量其精密度。

标准差又叫均方根偏差或均方差，用 s 表示。当测定次数不多时（$n<20$），有

$$s = \sqrt{\frac{d_1^2 + d_2^2 + \cdots + d_n^2}{n-1}} = \sqrt{\frac{1}{n-1}\sum_{i=1}^{n} d_i^2} \tag{1-8}$$

标准差将单次测定的偏差平方后，较大的偏差能更显著地反映出来，能更清楚地说明数据的分散程度。因此，用标准差比用平均偏差好。

（四）准确度与精密度的关系

精密度只能检验平行测定值之间的符合程度，与真值无关。精密度只能反映测量的随机误差大小，而准确度能反映测量系统的系统误差和随机误差两种误差的大小。

精密度高不一定准确度高，而准确度高精密度必然也高，精密度是保证准确度的先决条件。若精密度差，说明测定结果不可靠，就会失去衡量准确度的前提。

二、有效数字及其运算规则

环境化学实验中，为了得到准确的实验结果，既要克服实验中可能产生的各种误差，还要正确记录数据并进行合理运算。实验结果的数据不仅表示测定对象的量，而且反映测量的准确程度。记录实验数据和计算结果时应当保留几位数字非常重要，不能随便增加或减少位数。

（一）有效数字

有效数字指在分析测定工作中实际能测量到的数字。记录数据和计算结果时必须根据测定方法和使用仪器的精确程度来确定应该保留的数字位数。

以称量某个土壤样品的质量为例，如用台式天平秤量，所得质量为 2.1 g，表示土壤样品的真实质量为(2.1±0.1)g，因为台式天平可称准到±0.1 g；如用分析天平称量同一土样，质量为 2.0765 g，则表示该土样的真实质量为(2.0765±0.0001)g，因为分析天平能准确称量到 0.0001 g。这些数值最后一位都是可疑值，可理解为可能有±1 单位的误差。

对于环境化学实验数据中的有效数字及有效数字位数的判定可遵循以下规则：

（1）非零数字都是有效数字。

（2）位于数字中的“0”均为有效数字；位于数字前面的“0”只起定位作用，不是有效数字，它仅与使用单位有关，与测量的精度无关。

（3）用 10 的乘方表示数据时，习惯上用小数点前保留一位数字表示，确定有效数字位数时只算 10 的乘方以前的数字。

（4）对于 pH、pM、lg$K$ 等负对数或对数值，其有效数字位数取决于小数部分（尾数）数字的位数。

（5）遇到倍数或分数关系以及因计算百分率而乘以“100%”时，这些数值的有效数字可视为无限多位的有效数字。

（二）有效数字的运算规则

1. 加减法运算

进行加减法运算时，所得结果的有效数字位数取决于绝对误差最大的数值。在小数的加减计算中，结果所保留的小数点后的位数，与各近似值中小数点后位数最少者相同。在实际计算过程中，保留的位数可比近似值中小数点后位数最少者多保留一位小数，将计算结果按数值的修约规则处理。

2. 乘除法运算

进行乘法或除法运算时，所得结果的有效数字位数应与参加运算的各近似值中有效数字位数最小者相同；乘方或开方运算时，计算结果的有效数字位数和原数相同；对数或反对数运算时，所得结果的有效数字位数和真数相同；求 4 个或 4 个以上准确度接近的近似值的平均值时，其平均值的有效数字位数可比原数增加一位。

三、实验数据的一般处理

在实验中，我们需要设计科学规范的表格记录实验数据，并且通过合适的表格体现数据的变化特点，反映实验规律，得出正确结论。

为了分析数据的规律性，得到有价值的结论，常常还需要根据实验数据绘制曲线或直线图。根据实验数据进行曲线或直线拟合，获得有关变量之间的函数关系，分析相关性，为实验所需的进一步计算提供参数。

因此，列表法和作图法是环境化学实验数据处理的主要方法。

1. 列表法

列表法是表达实验数据的常用方法之一。设计得体、形式紧凑的表格有利于对实验数据进行相互比较，分析和阐明实验规律。

简单明了是设计数据表格的基本原则。我们在设计表格时需要注意以下问题：

（1）一个完整的表格包括表名、表头、内容三个基本部分，三者缺一不可。实验数据表格一般应绘制成“三线表”，如图 1-7 所示，即在表格中只画出上下边框线和第一行的下边框线。

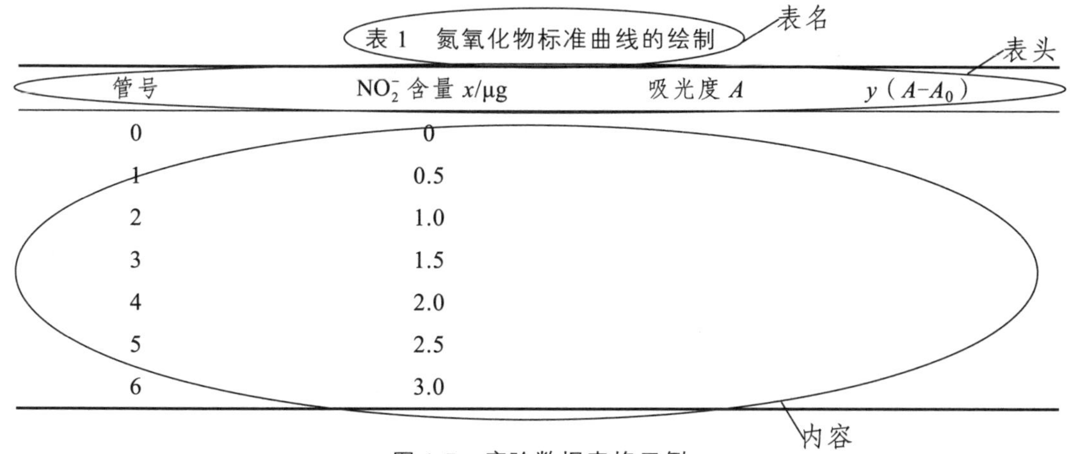

表 1　氮氧化物标准曲线的绘制

管号	NO_2^- 含量 x/μg	吸光度 A	y（$A-A_0$）
0	0		
1	0.5		
2	1.0		
3	1.5		
4	2.0		
5	2.5		
6	3.0		

图 1-7　实验数据表格示例

（2）表名应简单明了，通常由表名就能知道表格内容。

（3）表头应包括变量名称及其单位，特别是单位不能遗漏。

（4）正确确定表内的自变量和因变量。一般先列自变量，再列因变量。不相干的数据不要列在表内。

（5）为了显示数据的变化规律，按自变量递增或递减的顺序列出数据。

2. 作图法

作图法是指采用正确的作图方法由实验数据画出合适的曲线或直线，形象、直观、准确地表现出实验数据的相互关系及其变化规律，并能够进一步求解，得到斜率、截距、外推值和内插值等，是一种十分有用的实验数据处理方法。可以使用 Excel、Origin 等软件作图，拟合函数关系及其相关系数，也可以实现实验数据的统计分析。

第二章 大气环境化学实验

人类活动及自然界不断向大气排放各种各样的物质，这些物质在大气中会存在一定的时间。当大气中某种物质的含量超过了正常水平而对人类和生态环境产生不良影响时，就称为大气污染物。

大气污染物按物理形态不同，分为气态污染物和颗粒物两大类；若按形成过程不同，则可分为一次污染物和二次污染物。一次污染物指直接从污染源排放的污染物；二次污染物指由一次污染物经化学反应形成的污染物。大气污染物还可以按化学组成不同，分为含硫化合物、含氮化合物、含碳化合物和含卤素化合物等。

室外大气中常见的污染物有氮氧化物、二氧化硫、臭氧、颗粒物等；室内空气中由于装修、装饰等带来的常见污染物为甲醛。本章将重点介绍室内外空气污染物的分析测定方法，包括大气中二氧化硫的测定、氮氧化物的测定、臭氧的测定以及室内装饰板材甲醛释放量的测定。

第一节　基础与认识

一、大气中二氧化硫（SO_2）的测定

二氧化硫（SO_2）是主要空气污染物之一，主要来源于煤和石油等燃料的燃烧、含硫矿石的冶炼、硫酸等化工产品生产过程中排放的废气。SO_2是一种无色、易溶于水、有刺激性气味的气体，能通过呼吸进入气管，对机体局部组织产生刺激和腐蚀作用，是诱发支气管炎等疾病的原因之一，特别是当它与烟尘等气溶胶共存时，可加重对呼吸道黏膜的损害，对酸雨的形成也有较大贡献。

（一）实验目的

（1）掌握四氯汞钾溶液吸收-盐酸副玫瑰苯胺分光光度法测定大气中二氧化硫含量的原理和操作技术。

（2）熟悉采样方法、样品的处理、测定和仪器的使用方法。

（3）了解各种试剂的配制方法。

（二）实验原理

二氧化硫被四氯汞钾溶液吸收后，生成稳定的二氯亚硫酸盐配合物，再与甲醛及盐酸副玫瑰苯胺作用，生成紫红色配合物，根据颜色深浅，用分光光度计测定吸光度。

按照所用的盐酸副玫瑰苯胺使用液含磷酸的多少，分为两种操作方法：方法一，含磷酸较少，最后溶液的 pH 为 1.6±0.1，呈红紫色，最大吸收峰在 548 nm 处。方法灵敏度高，但试剂空白值高。方法二，含磷酸量多，最后溶液的 pH 为 1.2±0.1，呈红紫色，最大吸收峰在 575 nm 处。该方法灵敏度较前者低，但试剂空白值低，是我国广泛采用的方法。

（三）仪　器

（1）多孔玻板吸收管。
（2）具塞比色管：10 mL。
（3）恒温水浴。
（4）大气采样器，流量范围为 0 ~ 1 L/min。
（5）分光光度计。

（四）试　剂

1. 四氯汞钾吸收液（0.04 mol/L）

称取 10.9 g 二氯化汞、6.0 g 氯化钾和 0.07 g 乙二胺四乙酸二钠盐（EDTA），溶于水，稀释至 1 L。此溶液在密闭容器中储存，可稳定保存 6 个月。如发现有沉淀，不可再用。

2. 甲醛溶液（2.0 g/L）

量取 36% ~ 38%甲醛溶液 1.1 mL，用水稀释至 200 mL，现配。

3. 0.60%（*m*/*V*）氨基磺酸铵溶液

称取 0.60 g 氨基磺酸铵（$H_2NSO_3NH_4$），溶解于 100 mL 水中，现配。

4. 盐酸副玫瑰苯胺（简称 PRA，即副品红、对品红）储备液（0.20 g/100 mL）

称取 0.20 g 经提纯的盐酸副玫瑰苯胺，溶解于 100 mL 1.0 mol/L 的盐酸中。

5. 盐酸副玫瑰苯胺溶液（0.016%）

吸取 20.00 mL 盐酸副玫瑰苯胺储备液于 250 mL 容量瓶中，加入 3 mol/L 的磷酸溶液 200 mL，用水稀释至标线。至少放置 24 h，方可使用。存于暗处，可稳定保存 9 个月。

6. 磷酸溶液（3 mol/L）

量取 41 mL 浓度为 85%的浓磷酸，用水稀释至 200 mL。

7. 二氧化硫标准溶液

称取 0.200 g 亚硫酸钠（$Na_2S_2O_3$），溶解于 200 mL 0.05% EDTA 二钠盐溶液（用新煮沸并已冷却的水配制），缓慢摇匀，使其溶解。放置 2 ~ 3 h 后标定浓度。此溶液每毫升含 320 ~ 400 μg 二氧化硫。

可按以下方法标定：

（1）取 4 个 250 mL 碘量瓶（A_1、A_2、B_1、B_2），分别加入 50.00 mL 碘溶液和 1 mL 冰乙酸。在 A_1、A_2 内各加入 25 mL 水，在 B_1、B_2 内加入 25.00 mL 亚硫酸钠溶液，盖好瓶盖，摇匀。

（2）吸取 2.00 mL 亚硫酸钠溶液，加入一个已装有 40 ~ 50 mL 四氯汞钾吸收液的 100 mL 容量瓶中，使其生成稳定的二氯亚硫酸盐配合物。用四氯汞钾吸收液将 100 mL 容量瓶中溶液稀释至标线，摇匀（此溶液为二氧化硫标准储备液）。

（3）将 A_1、A_2、B_1、B_2 4 个瓶子于暗处放置 5 min 后，用硫代硫酸钠溶液滴定至浅黄色，加 5 mL 淀粉指示剂，继续滴定至蓝色恰好消失。平行滴定所用硫代硫酸钠溶液体积之差应不大于 0.05 mL。

100 mL 容量瓶中二氧化硫溶液浓度 $c(SO_2)$（μg/mL）由下式计算：

$$c(SO_2)(\mu g/mL) = \frac{(A-B)\times c\times 1000\times 32.02}{25.00}\times\frac{2.00}{100}$$

式中 A——空白滴定所用硫代硫酸钠溶液体积的平均值，mL；

B——样品滴定所用硫代硫酸钠溶液体积的平均值，mL；

c——硫代硫酸钠（$Na_2S_2O_3$）标准溶液的浓度，mol/L；

32.02——二氧化硫（$1/2SO_2$）的摩尔质量，g/mol。

标定出准确浓度后，立即用吸收液稀释成每毫升含 10.00 μg 二氧化硫的标准储备液（储于冰箱，可保存 3 个月）。使用前，再用吸收液稀释为每毫升含 2.0 μg 二氧化硫的标准使用溶液。储于冰箱，可保存 20 天。

8. 碘储备液[$c(1/2I_2)$＝0.1 mol/L]

称取 12.7 g 碘（I_2）于烧杯中，再加入 40 g 碘化钾和 25 mL 水，搅拌溶解后，用水稀释至 1000 mL，储于棕色细口瓶中。

9. 碘溶液[$c(1/2I_2)$＝0.05 mol/L]

取碘储备液 250 mL，用水稀释至 500 mL，储于棕色细口瓶中。

10. 淀粉指示剂

称取 0.5 g 可溶性淀粉，用少量水调成糊状（可加 0.2 g 二氯化锌防腐），再慢慢倒入 100 mL 沸水中，继续煮沸至溶液澄清，冷却后储于细口瓶中，备用。

11. 碘酸钾溶液[$c(1/6KIO_3)$＝0.1000 mol/L]

取 3.567 g 碘酸钾（优级纯），在 105 ~ 110 °C 下干燥 2 h，溶解于水，移入 1000 mL

容量瓶中，用水稀释至标线，摇匀。

12. 硫代硫酸钠储备液[$c(Na_2S_2O_3)$＝0.10 mol/L]

称取 25.0 g 硫代硫酸钠（$Na_2S_2O_3 \cdot 5H_2O$），溶解于 1000 mL 新煮沸并已冷却的水中，加 0.20 g 无水碳酸钠，储于棕色细口瓶中，放置 1 周后标定其浓度。若溶液出现浑浊，应该过滤后使用。

标定方法：吸取 0.1000 mol/L 碘酸钾溶液 10.00 mL，置于 250 mL 碘量瓶中，加 80 mL 新煮沸并已冷却的水和 1.2 g 碘化钾，振摇溶解后，加（1+9）盐酸 10 mL[或（1+9）磷酸溶液 5～7 mL]，立即盖好瓶塞，摇匀。于暗处放置 5 min 后，用 0.10 mol/L 硫代硫酸钠储备溶液滴定至淡黄色，加淀粉溶液 2 mL，继续滴定至蓝色刚好褪去。记录消耗体积（V），按下式计算浓度：

$$c(\mathrm{Na_2S_2O_3})(\mu\mathrm{g/mL}) = \frac{0.1000 \times 10.00}{V}$$

式中　$c(Na_2S_2O_3)$——硫代硫酸钠储备溶液的浓度，mol/L；

V——滴定消耗硫代硫酸钠溶液体积，mL。

13. 硫代硫酸钠标准溶液[$c(Na_2S_2O_3)$＝0.05 mol/L]

取标定后的 0.10 mol/L 硫代硫酸钠储备溶液 250.0 mL，置于 500 mL 容量瓶中，用新煮沸并已冷却的水稀释至标线，摇匀，储于棕色细口瓶中，即配即用。

14. 1 mol/L 盐酸

量取 86 mL 浓盐酸（密度 1.19 g/mL），用水稀释至 1000 mL。

（五）实验步骤

1. 采　样

多孔玻板吸收管（图 2-1）内装 5.0 mL 吸收液。装液方法如图 2-2 所示。装液后的多孔玻板吸收管与大气采样器连接（连接方法如图 2-3 所示），以 0.5 L/min 流量采样 1 h。采样时吸收液温度应保持在 23～29 °C，并避免阳光直接照射样品溶液。在采样的同时，测定采样现场大气的温度与压力，做好记录。

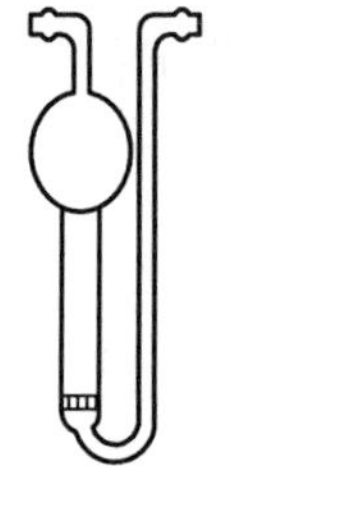

图 2-1　多孔玻板吸收管

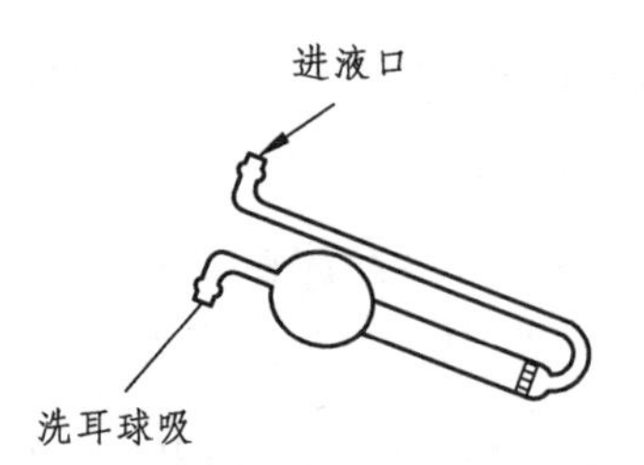

图 2-2　多孔玻板吸收管装液

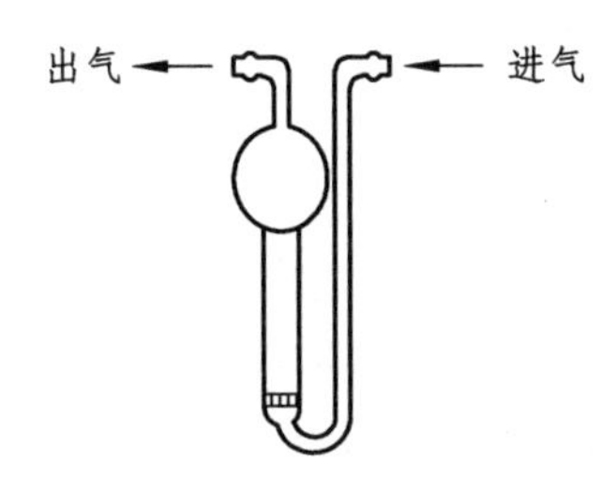

图 2-3　多孔玻板吸收管与大气采样器的连接

2. 现场空白样品

用同一批配制的吸收液，装入多孔玻板吸收管，带到采样现场。除不采集空气外，其他环境条件保持与采样管相同。每批样品至少有 2 个空白样品。

3. 绘制标准曲线

取 8 支 10 mL 具塞比色管，按表 2-1 配制标准色列。

表 2-1　亚硫酸钠标准色列

管号	0	1	2	3	4	5	6	7
标准使用溶液体积/mL	0	0.60	1.00	1.40	1.60	1.80	2.20	2.70
吸收液体积/mL	5.00	4.40	4.00	3.60	3.40	3.20	2.80	2.30
二氧化硫含量/μg	0	1.20	2.00	2.80	3.20	3.60	4.40	5.40

在以上各比色管中加入 0.60%氨基磺酸钠溶液 0.50 mL，摇匀；再加 2.0 g/L 甲醛溶液 0.50 mL 及 0.05%盐酸副玫瑰苯胺使用溶液 1.50 mL，混匀。

按照表 2-2，由显色温度确定显色时间。

表 2-2　SO_2 测定显色温度与显色时间

显色温度/°C	10	15	20	25	30
显色时间/min	40	25	20	15	5
稳定时间/min	35	25	20	15	10
试剂空白溶液吸光度（A_0）	0.030	0.035	0.040	0.050	0.060

在 15 ~ 20 °C 下，显色 25 min；20 ~ 25 °C 下，显色 20 min；25 ~ 30 °C 显色 15 min。

显色后，于波长 575 nm 处，用 1 cm 比色皿，以超纯水为参比，测定吸光度。

用最小二乘法计算标准曲线的回归方程：

$$y = bx+a$$

式中　y——标准溶液的吸光度（A）与试剂空白液吸光度（A_0）之差，$y=A-A_0$；

x——二氧化硫含量，μg；

b——回归方程式的斜率；

a——回归方程式的截距。

相关系数应大于 0.999。

4. 样品测定

（1）样品溶液中若有浑浊物，应过滤至澄清后使用。

（2）将采样后的溶液放置 20 min，使臭氧分解，转入 10 mL 比色管中，转入操作方法如图 2-4 所示。用少许水洗涤吸收管并转入比色管中，使总体积为 5 mL，摇匀。加入 0.60%氨磺酸钠溶液 0.50 mL，混匀，放置 10 min 以除去氮氧化合物的干扰。以下步骤同标准曲线的绘制。

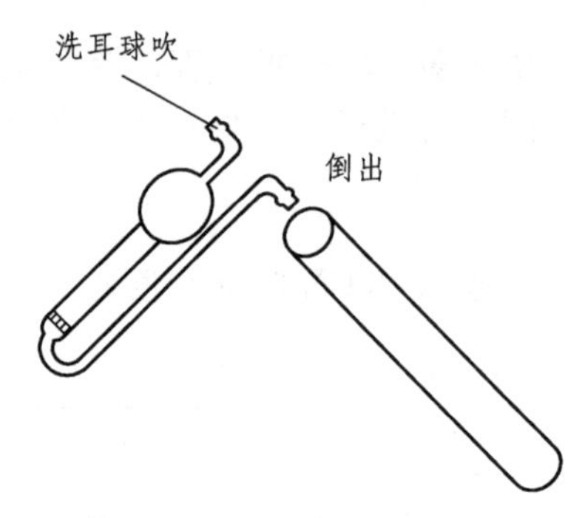

图 2-4　将吸收液从玻板吸收管转入比色管

（六）数据记录与处理

（1）根据测得的标准系列吸光度，记录数据，填入表 2-3，绘制标准曲线，确定标准曲线的斜率与截距。

表 2-3　二氧化硫标准曲线的绘制

管号	0	1	2	3	4	5	6	7
二氧化硫含量/μg	0	1.20	2.00	2.80	3.20	3.60	4.40	5.40
吸光度（A）								
y（$A-A_0$）								

回归方程：______________________

相关系数：______________________

（2）计算所采气体标准状态下的体积。

$$V_{\mathrm{n}}=v\times t\times\frac{p}{273+T}\times\frac{1.01\times10^{5}}{298}\times10^{-3}$$

式中　v——采样流量，L/min；

t——采样时间，min；

p——采样大气压力，Pa；

T——采样大气温度，°C。

（3）计算大气中 SO_2 的浓度。

$$c(SO_2)(mg/m^3)=\frac{(A-A_0)-a}{b\times V_n}$$

式中 A——样品溶液的吸光度；

A_0——空白样品溶液吸光度的平均值；

b——回归方程式的斜率；

a——回归方程式的截距；

V_n——标准状态下的采样体积，L。

所得结果精确至小数点后三位。

（七）问题与讨论

（1）大气中干扰 SO_2 测定的物质有哪些？如何避免？

（2）大气中 SO_2 浓度过高，会带来哪些危害？

（3）根据大气环境质量标准，从计算得到的大气中 SO_2 浓度，判断气样所在区域的大气环境质量如何，是否满足所在区域的大气环境质量要求。

（八）注意事项

（1）在实验中要注意控制温度。一般需用恒温水浴法进行控制，因为温度对显色影响较大，温度越高，空白值越大；温度高时显色快，褪色也快。另外，注意使水浴水面高度超过比色管中溶液的液面高度，否则会影响测定准确度。

（2）对品红的提纯很重要，因提纯后可降低试剂空白值和提高方法的灵敏度。提高酸度虽可降低空白值，但灵敏度也会下降。

（3）六价铬能使紫红色配合物褪色，产生负干扰，所以应尽量避免用铬酸洗液洗涤玻璃器皿，若已洗，则要用（1+1）盐酸浸泡 1 h，用水充分洗涤，除去六价铬。

二、大气中氮氧化物（NO_x）的测定

大气中存在含量比较高的氮氧化物（NO_x），包括氧化亚氮（N_2O）、一氧化氮（NO）、二氧化氮（NO_2）。其中，N_2O 是低层大气中含量最高的含氮化合物，主要来自天然源，在低层大气中非常稳定，没有明显的污染效应。大气中的含氮污染物主要指 NO 和 NO_2，也是我们通常所指的氮氧化物（NO_x）。它们主要来源于化石燃料燃烧、硝酸和化肥生产排放的废气以及汽车尾气。NO_x 主要有以下危害：NO 能减弱血液的输氧能力；NO_2 浓度较高时，导致机体气管、肺组织损伤，使植物组织遭到破坏；氮氧化物还是导致光化学烟雾、形成酸雨的重要污染物。

（一）实验目的

（1）掌握盐酸萘乙二胺分光光度法测定大气中 NO_x 的基本原理与操作。

（2）熟悉 NO_x 采样方法、样品的处理、测定和仪器的使用方法。

（3）了解各种试剂的配制方法。

（二）实验原理

1. 分光光度法原理

分光光度法是依据被测物质对特定波长电磁波的吸收特性进行定量分析的方法。物质中分子内部运动可分为电子的运动、分子内原子的振动和分子自身的转动，相应具有电子能级、振动能级和转动能级。当被电磁波辐射时，物质的分子可能吸收电磁波的能量而引起能级跃迁，即从基态能级跃迁到激发态能级，从而产生吸收光谱。三种能级跃迁所需要的能量不同，需要用不同波长的电磁波去激发。电子能级跃迁所需能量较大，吸收光谱主要处于紫外及可见光区，这种光谱被称为紫外-可见光谱。而用红外波段的电磁波只能引发振动能级和转动能级的跃迁，得到的光谱称为红外光谱。

物质的稀溶液对光波的吸收遵循朗伯-比尔定律，即当一束平行的单色光通过均匀、非散射的稀溶液时，溶液的吸光度与溶液层厚度及溶液的浓度成正比，数学表达式如下：

$$A=\varepsilon\times b\times c$$

式中 A——吸光度；

ε——摩尔吸光系数，仅与待测物质相关的特征常数，在数值上等于浓度为 1 mol/L，液层厚度为 1 cm 时，该溶液在某一波长下的吸光度，$L\cdot mol^{-1}\cdot cm^{-1}$；

b——液层厚度，cm；

c——溶液浓度，mol/L。

因此，在已知物质的稀溶液的摩尔吸光系数及沿光束方向的液层厚度的情况下，测定溶液的吸光度，可计算出溶液的浓度。

紫外-可见分光光度法是常用的测定有色物质浓度的分析方法，该方法所用设备简单，易操作，适用于在紫外-可见波段有特征吸收的物质的测定。有些物质自身在紫外-可见波段没有吸收，或者摩尔吸光系数较低，导致分析的灵敏度低，低浓度下无法测定。但如果这些物质可以和其他物质（显色剂）以一定化学计量比发生化学反应，生成可显著吸收紫外-可见光的有色物质，那么也可以在进行显色反应后再用分光光度法进行测定。

2. 大气中氮氧化物测定原理

大气中的氮氧化物主要是一氧化氮和二氧化氮。在测定氮氧化物浓度时，应先用三氧化铬将一氧化氮氧化成二氧化氮。

二氧化氮被吸收液吸收后，生成亚硝酸和硝酸，其中，亚硝酸与对氨基苯磺酸发生重氮化反应，再与盐酸萘乙二胺偶合，生成玫瑰红色的偶氮染料，据其颜色深浅，用分光光度法定量。吸收及显色反应如下：

$$2NO_2+H_2O = HNO_2+HNO_3$$

$$HO_3S-C_6H_4-NH_2 + HNO_2 + CH_3COOH \longrightarrow HO_3S-C_6H_4-\overset{+}{N}\equiv N\ CH_3COO^- + H_2O$$

$$[HO_3S-C_6H_4-\overset{+}{N}\equiv N]CH_3COO^- + C_{10}H_7-NH-CH_2-CH_2-NH_2\cdot 2HCl \longrightarrow$$

$$HO_3S-C_6H_4-N=N-C_{10}H_6-NH-CH_2-CH_2-NH_2 + CH_3COOH + 2HCl$$

吸收液吸收空气中的 NO_2 后，一部分生成亚硝酸，还有一部分生成硝酸，计算 NO_2 含量时要用 Saltzman 实验系数 f 进行换算。该系数是用 NO_2 标准混合气进行多次实验测定的平均值，表征在采气过程中被吸收液吸收生成偶氮染料的亚硝酸量与通过采样系统的 NO_2 总量的比值。NO_2（气）转变为 NO_2^-（液）的转换系数 f 为 0.76，因此计算结果应除以 0.76。

（三）仪　器

（1）多孔玻板吸收管。

（2）双球玻璃管（内装三氧化铬）。

（3）空气采样器：流量范围 0 ~ 1 L/min。

（4）分光光度计。

（四）试　剂

所有试剂均用不含亚硝酸根的重蒸馏水配制。其检验方法是：所配制的吸收液对 540 nm 光的吸光度不超过 0.005。

1. 吸收液

称取 5.0 g 对氨基苯磺酸，置于 1000 mL 容量瓶中，加入 50 mL 冰乙酸和 900 mL 水，加盖振摇，使其完全溶解。随后加入 0.050 g 盐酸萘乙二胺，溶解后，用水稀释至标线，此为吸收原液。储存于棕色瓶中，在冰箱内可保存 2 个月。保存时应密封瓶口，防止空气与吸收液接触。

采样时，按 4 份吸收原液与 1 份水的比例混合配成采样用吸收液。

2. 三氧化铬-石英砂氧化管

筛取 20 ~ 40 目石英砂，用（1+1）盐酸浸泡一夜，用水洗至中性，烘干。将三氧化铬与石英砂（海砂或河砂）按质量比 1∶20 混合，加少量水调匀，放在红外灯下或烘箱内于 105 °C 烘干，烘干过程中应搅拌几次。制备好的三氧化铬-石英砂应是松散的，若粘在一起，说明三氧化铬比例太大，可适当地增加一些石英砂，重新制备。称取约 8 g

三氧化铬-石英砂装入双球玻璃管内，两端用少量脱脂棉塞好，用乳胶管或塑料管制的小帽将氧化管两端密封，备用。采样时用小段乳胶管将氧化管与吸收管相接。

3. 亚硝酸钠标准储备液

准确称取 0.1500 g 粒状亚硝酸钠（$NaNO_2$，预先在干燥器内放置 24 h 以上），溶解于水，移入 1000 mL 容量瓶中，用水稀释至标线。此溶液每毫升含 100.0 μg NO_2^-，储于棕色瓶内，冰箱中保存，可稳定保存 3 个月。

4. 亚硝酸钠标准溶液

吸取储备液 5.00 mL 于 100 mL 容量瓶中，用水稀释至标线。此溶液每毫升含 5.00 μg NO_2^-。

（五）实验步骤

1. 采　样

将一支内装 5.00 mL 吸收液的多孔玻板吸收管进气口接三氧化铬-石英砂氧化管，并使管口略微向下倾斜，以避免湿空气将三氧化铬弄湿，污染后面的吸收液。将吸收管的出气口与空气采样器相连接。以 0.2 ~ 0.3 L/min 的流量避光采样，至吸收液呈微红色为止，记下采样时间，密封好采样管，带回实验室，当日测定。若吸收液不变色，应延长采样时间，采样量应不少于 6 L。在采样的同时，测定采样现场大气的温度与压力，做好记录。

2. 现场空白样品

用同一批配制的吸收液，装入多孔玻板吸收管，带到采样现场。除不采集空气外，其他环境条件保持与采样管相同。每批样品至少带 2 个空白样品。

3. 标准曲线的绘制

取 7 支 10 mL 具塞比色管，按表 2-4 所列数据配制标准色列。配制以上溶液后摇匀，避开阳光直射放置 15 min，在 540 nm 波长处，用 1 cm 比色皿，以超纯水为参比，测定吸光度。以吸光度为纵坐标、相应的标准溶液中 NO_2^- 含量（μg）为横坐标，绘制标准曲线。

表 2-4　亚硝酸钠标准色列

管号	亚硝酸钠标准溶液体积/mL	吸收原液体积/mL	纯水体积/mL	NO_2^- 含量/μg
0	0	4.00	1.00	0
1	0.10	4.00	0.90	0.5
2	0.20	4.00	0.80	1.0
3	0.30	4.00	0.70	1.5
4	0.40	4.00	0.60	2.0
5	0.50	4.00	0.50	2.5
6	0.60	4.00	0.40	3.0

4. 样品的测定

采样后，放置 15 min，将样品溶液移入 1 cm 比色皿中，按绘制标准曲线的方法及条件测定空白样品溶液和样品溶液的吸光度。若样品溶液的吸光度超过标准曲线的测定上限，可用吸收液稀释后再测定吸光度。计算结果时应乘以稀释倍数。

（六）数据记录与处理

（1）根据测得的标准系列吸光度，记录数据，见表 2-5，绘制标准曲线，确定标准曲线的斜率。

表 2-5　氮氧化物标准曲线的绘制

管号	NO_2^- 含量 x/μg	吸光度 A	y（$A-A_0$）
0	0		
1	0.5		
2	1.0		
3	1.5		
4	2.0		
5	2.5		
6	3.0		

回归方程：________________

相关系数：________________

（2）计算所采气体标准状态下的体积。

$$V_n = v \times t \times \frac{p}{273+T} \times \frac{1.01 \times 10^5}{298} \times 10^{-3}$$

式中　v——采样流量，L/min；

t——采样时间，min；

p——采样大气压力，Pa；

T——采样大气温度，°C。

（3）计算大气中 NO_x 的浓度。

$$c(NO_x) = \frac{(A-A_0)}{0.76b \cdot V_n}$$

式中　$c(NO_x)$——氮氧化物浓度，mg/m^3；

A——样品溶液的吸光度；

A_0——空白样品溶液吸光度的平均值；

b——标准曲线斜率；

V_n——标准状态下的采样体积，L；

0.76——NO_2（气）转换为 NO_2（液）的系数。

所得结果精确至小数点后三位。

（七）问题与讨论

（1）为什么要接入氧化管？

（2）大气中 NO_x 测定的干扰因素有哪些？如何避免？

（3）计算大气中 NO_x 浓度时为什么要除以 0.76？

（4）根据大气环境质量标准，从计算得到的 NO_x 浓度，判断气样所在区域的大气环境质量如何，是否满足所在区域的大气环境质量要求。

（5）大气中 NO_x 的人为来源有哪些？NO_x 浓度过高会带来哪些危害？

（八）注意事项

（1）吸收液应避光，且不能长时间暴露在空气中，以防止光照使吸收液显色或吸收空气中的氮氧化物而使试剂空白值增高。

（2）氧化管适于在相对湿度为 30% ~ 70%时使用。当空气相对湿度大于 70%时，应勤换氧化管；小于 30%时，在使用前，用经过水面的潮湿空气通过氧化管，平衡 1 h。在使用过程中，应经常注意氧化管是否吸湿引起板结，或者变成绿色。若板结，会使采样系统阻力增大，影响流量；若变成绿色，表示氧化管已失效。

（3）亚硝酸钠（固体）应密封保存，防止空气及湿气侵入。部分氧化成硝酸钠或呈粉末状的试剂都不能用直接法配制标准溶液。若无颗粒状亚硝酸钠试剂，可用高锰酸钾容量法标定出亚硝酸钠储备溶液的准确浓度后，再稀释为含 5.00 μg/mL 亚硝酸根的标准溶液。

（4）溶液若呈黄棕色，表明吸收液已受三氧化铬污染，该样品应报废。

（5）为了绘制标准曲线，向各管中加亚硝酸钠标准溶液时，都应以均匀、缓慢的速度加入。

三、大气中臭氧（O_3）的测定

臭氧（O_3）具有强氧化性，是大气中的一种微量气体。它主要存在于平流层，离地 10 ~ 50 km。在平流层，大气中的氧分子受太阳辐射分解成氧原子，氧原子与周围的氧气分子结合形成臭氧；同时，臭氧又会与氧原子反应而消失，生成和消失达到平衡，使臭氧含量维持在一种相对稳定的状态，从而形成臭氧层。臭氧层能够阻挡高能紫外线对地球生命的伤害，起到保护地球生态系统的作用。但是，对流层的臭氧是光化学烟雾的重要组分，是氮氧化物与碳氢化合物在紫外线作用下生成并积累的二次污染物。臭氧含量超过一定限值，会对人体造成如下危害：刺激呼吸道，损伤肺功能；损伤神经中枢，使人视力下降；人体内维生素 E 被大量破坏，导致皮肤黑斑。臭氧会使植物的叶绿素浓度降低，叶片减少，危害植物生长。另外，臭氧对金属具有氧化性，对非金属材料具有强烈的腐蚀老化作用。

因此，臭氧是大气环境质量监测的重要指标之一。

（一）实验目的

（1）掌握靛蓝二磺酸钠分光光度法测定大气中臭氧含量的原理和方法。

（2）熟悉臭氧的采样方法、样品处理、测定和仪器的使用方法。

（3）了解各种试剂的配制方法。

（二）实验原理

用含有靛蓝二磺酸钠的磷酸盐缓冲溶液做吸收液采集空气样品，空气中的 O_3 与靛蓝二磺酸钠以化学计量比 1∶1 发生反应，生成无色的靛红二磺酸钠，溶液褪色，在 610 nm 处测量吸光度，根据蓝色减褪的程度定量测定空气中 O_3 的浓度。吸收显色反应如下：

$$NaO_3S,\ O,\ C,\ C{=}C,\ N,\ H,\ O,\ C,\ N,\ H,\ SO_3Na \ + 2O_3 \longrightarrow 2\ NaO_3S,\ O,\ C,\ C{=}O,\ N,\ H \ + 2O_2$$

（三）仪　器

（1）多孔玻板吸收管。

（2）具塞比色管：10 mL。

（3）恒温水浴锅。

（4）大气采样器，流量范围为 0 ~ 1 L/min。

（5）分光光度计。

（四）试　剂

1. 溴酸钾标准储备液[$c(1/6KBrO_3)=0.1000$ mol/L]

准确称取 1.3918 g 溴酸钾（优级纯，180 °C 烘 2 h），置于烧杯中溶解，移入 500 mL 容量瓶，稀释至标线。

2. 溴酸钾-溴化钾标准溶液[$c(1/6KBrO_3)=0.0100$ mol/L]

吸取 10.00 mL 溴酸钾标准储备液于 100 mL 容量瓶中，加入 1.0 g 溴化钾，用水稀释至标线。

3. 硫代硫酸钠标准储备液[$c(Na_2S_2O_3)=0.1000$ mol/L]

称取 16 g 无水硫代硫酸钠固体，溶于 1 L 蒸馏水中，加热煮沸 10 min，冷却，避光保存 2 周后过滤，备用。

4. 硫代硫酸钠标准溶液[$c(Na_2S_2O_3)$=0.005 00 mol/L]

临用前，根据所需取一定量硫代硫酸钠标准储备液，用新煮沸并冷却至室温的水准确稀释 20 倍。

5. 硫酸溶液

体积比为 1∶6。

6. 淀粉指示剂溶液（2.0 g/L）

称取 0.20 g 可溶性淀粉，用少量水调成糊状，慢慢倒入 100 mL 沸水，煮沸至溶液澄清。

7. 磷酸盐缓冲溶液[$c(KH_2PO_4\text{-}Na_2HPO_4)$=0.050 mol/L]

称取 6.8 g 磷酸二氢钾和 7.1 g 无水磷酸氢二钠，溶于水，稀释至 1000 mL。

8. 靛蓝二磺酸钠（$C_{16}H_8O_8Na_2S_2$，IDS）标准储备液

称取 0.25 g 靛蓝二磺酸钠，溶于水，移入 500 mL 棕色容量瓶内，用超纯水稀释至标线，摇匀，在暗处存放 24 h 后标定。此溶液在 20 °C 以下暗处可稳定存放 2 周。

标定方法：准确吸取 20.00 mL IDS 标准储备液于 250 mL 碘量瓶中，加入 20.00 mL 溴酸钾-溴化钾溶液，再加入 50 mL 水，盖好瓶塞。在 16 °C 恒温水浴中放置至溶液温度与水浴温度平衡，加入 5.0 mL 硫酸溶液，盖好瓶塞，混匀，于 16 °C 暗处放置（35±1.0）min 后，加入 1.0 g 碘化钾，盖塞，轻摇匀至溶解。暗处存放 5min，用硫代硫酸钠溶液滴定至棕色刚好褪去呈淡黄色，加入 5 mL 淀粉指示剂溶液，继续滴定至蓝色消褪，终点为亮黄色。记录所消耗的硫代硫酸钠标准溶液的体积。

根据下式计算每毫升靛蓝二磺酸钠溶液相当于臭氧的含量 c（μg/mL）：

$$c = \frac{c_1V_1 - c_2V_2}{V} \times 12.00 \times 10^3$$

式中 c ——每毫升靛蓝二磺酸钠溶液相当于臭氧的含量 c，μg/mL；

c_1——溴酸钾-溴化钾标准溶液的浓度，mol/L；

V_1——加入溴酸钾-溴化钾标准溶液的体积，mL；

c_2——滴定所用硫代硫酸钠标准溶液的浓度，mol/L；

V_2——加入硫代硫酸钠标准溶液的体积，mL；

12.00——1/4 臭氧的摩尔质量，g/mol。

9. IDS 标准溶液

将标定后的 IDS 标准储备液用磷酸盐缓冲溶液逐级稀释成每毫升相当于 1.00 μg 臭氧的 IDS 标准溶液。此溶液于 20 °C 以下暗处可稳定存放 1 周。

10. IDS 吸收液

取适量 IDS 标准储备液，根据空气中臭氧质量浓度，用磷酸盐缓冲溶液稀释成每

毫升相当于 2.5 μg（或 5.0 μg）臭氧的 IDS 吸收液。此溶液于 20 °C 以下暗处可稳定存放 1 个月。

（五）实验步骤

1. 采　样

多孔玻板吸收管内装 10.0 mL 吸收液，罩上黑色避光套，以 0.5 L/min 流量采样 10 ~ 60 min。当吸收液褪色约 60%时（与现场空白样品比较），立即停止采样。样品在运输及存放过程中严格避光。如空气中臭氧浓度较低，可以用棕色玻板吸收管采样。

2. 现场空白样品制备

用同一批配制的 IDS 吸收液，装入多孔玻板吸收管，带到采样现场。除不采集空气外，其他环境条件保持与采样管相同。每批样品至少带 2 个空白样品。

3. 标准曲线的绘制

取 6 支 10 mL 具塞比色管，按表 2-6 配制标准色列，摇匀。

表 2-6　标准色列的配制

管号	0	1	2	3	4	5
IDS 标准溶液体积/mL	10.00	8.00	6.00	4.00	2.00	0.00
磷酸盐缓冲溶液体积/mL	0.00	2.00	4.00	6.00	8.00	10.00
臭氧质量浓度/μg · mL^{-1}	0.00	0.20	0.40	0.60	0.80	1.00

在波长 610 nm 处，用 20 mm 比色皿，以超纯水作为参比，测量吸光度。以吸光度为纵坐标、相应的标准溶液中 O_3 含量（μg）为横坐标，绘制标准曲线。

用最小二乘法计算标准曲线的回归方程：

$$y = bx + a$$

式中　y ——标准溶液的吸光度（A）与试剂空白液吸光度（A_0）之差，$y=A-A_0$；

x ——臭氧质量浓度，μg/mL；

b ——回归方程式的斜率；

a ——回归方程式的截距。

4. 样品的测定

采样后，在吸收管的入气口接一尖嘴玻璃管，在出气口用洗耳球加压，使吸收液通过尖嘴移入 25 mL 容量瓶中，再用水多次洗涤吸收管，使总体积为 25.0 mL。在波长 610 nm 处，用 20 mm 比色皿，以超纯水作为参比，测量吸光度。扣除空白后，根据标准曲线计算臭氧浓度。

（六）数据记录与处理

（1）臭氧标准曲线的绘制：根据测得的标准系列吸光度，记录数据，见表 2-7，绘制标准曲线，确定标准曲线的斜率与截距。

表 2-7 臭氧标准曲线的绘制

管号	0	1	2	3	4	5
臭氧质量浓度/μg·mL^{-1}	0.00	0.20	0.40	0.60	0.80	1.00
吸光度 A						
y（$A-A_0$）						

回归方程：________________

相关系数：________________

（2）计算所采气体标准状态下的体积。

$$V_n = v \times t \times \frac{p}{273+T} \times \frac{1.01\times10^5}{298} \times 10^{-3}$$

式中 v——采样流量，L/min；

t——采样时间，min；

p——采样大气压力，Pa；

T——采样大气温度，°C。

（3）计算大气中 O_3 的浓度。

$$c(O_3) = \frac{(A - A_0 - a)V}{bV_n}$$

式中 A——样品溶液的吸光度；

A_0——空白样品溶液吸光度的平均值；

b——回归方程式的斜率；

a——回归方程式的截距；

V——样品溶液的总体积，mL；

V_n——标准状态下的采样体积，L。

所得结果精确至小数点后三位。

（七）问题与讨论

（1）大气中干扰 O_3 测定的物质有哪些？如何避免？

（2）对流层中的臭氧对环境有哪些危害？

（3）根据大气环境质量标准，从计算得到的大气中 O_3 浓度，判断气样所在区域的大气环境质量如何，是否满足所在区域的大气环境质量要求。

（八）注意事项

（1）空气中 SO_2、H_2S、PAN 和 HF 浓度分别高于 750 μg/m^3、110 μg/m^3、1800 μg/m^3、2.5 μg/m^3 时，干扰臭氧的测定。空气中 Cl_2、ClO_2 的存在使臭氧的测定结果偏高。但一

般情况下，这些气体的浓度很低，不会造成显著误差。

（2）采样管的材料应选择抗氧化的材料，而且应尽量短。

（3）采样管要定期清洗，吹干。

（4）市售 IDS 不纯，作为标准溶液使用时必须进行标定。用溴酸钾-溴化钾标准溶液标定 IDS 的反应，需要在酸性条件下进行，加入硫酸溶液后反应开始，加入碘化钾后，反应终止。必须严格控制温度和反应时间。滴定过程中应避免阳光照射。

（5）装入采样管中的吸收液体积必须准确。采样后向容量瓶中转移吸收液应尽量完全（少量多次冲洗）。

第二节　探索与创新

一、大气颗粒物中水溶性无机阴离子的浓度特征

大气是由各种固体或液体微粒均匀地分散在空气中形成的一个庞大的分散体系，可以称为气溶胶体系。气溶胶体系中分散的各种粒子称为大气颗粒物。

大气颗粒物是大气的一个组分。饱和水蒸气以大气颗粒物为核心而形成云、雾、雨、雪等，它参与了大气降水过程。同时，大气中的一些有毒物质绝大部分都存在于颗粒物中，并可通过人的呼吸过程被吸入体内，危害人体健康。另外，它也是大气中一些污染物的载体或反应床，因而对大气中污染物的迁移转化过程有明显影响。

大气颗粒物按其粒径大小可分为以下几类：第一类是总悬浮颗粒物，它是用标准大容量颗粒采样器在滤膜上所收集到的颗粒物的总质量，用 TSP 表示。其粒径多在 100 μm 以下，尤其以 10 μm 以下的居多。第二类是飘尘，它指可在大气中长期漂浮的悬浮物，主要是小于 10 μm 的颗粒物。第三类是降尘，指能用采样罐采集到的大气颗粒物，是总悬浮颗粒物中粒径大于 10 μm 的粒子，它们由于自身的重力作用会很快沉降下来，所以称为降尘。第四类是可吸入颗粒物（PM_{10}），指易于通过呼吸过程进入呼吸道的粒子，一般认为是空气动力学直径小于等于 10 μm 的粒子。还有一类是细颗粒物，即 $PM_{2.5}$，指空气动力学直径小于 2.5 μm 的细粒子。由于 $PM_{2.5}$ 更容易进入人体，其危害更大。

水溶性无机离子是颗粒物的重要组成部分，主要包括 SO_4^{2-}、NO_3^-、PO_4^{3-}、Cl^-、NH_4^+、K^+、Na^+、Ca^{2+}、Mg^{2+}等。硫酸盐、硝酸盐和铵盐可以通过吸湿作用改变气溶胶的大小、组分、酸碱度、数量和寿命，离子的亲水性会影响云的形成和发展，增加有毒有机物的溶解性，对人体健康产生重要影响。对大气颗粒物中水溶性离子的研究有助于揭示大气颗粒物的来源，全面评价环境效应。

在水溶性无机阴离子中，大部分 SO_4^{2-} 来源于人为污染，主要是化石燃料的燃烧，特别是燃煤的使用，对酸雨的形成起着重要作用。NO_3^- 主要来自原油的使用，在城市

区域主要是汽车尾气排放导致NO_3^-含量增加，对酸雨的形成也有重要作用。Cl^-、F^-的人为来源主要是工业生产。

（一）实验目的

（1）掌握大气颗粒物的采集方法。

（2）掌握离子色谱法测量大气颗粒物中水溶性无机阴离子的预处理方法及测量方法。

（3）认识测量区域大气颗粒物中水溶性阴离子浓度水平和粒径分布特征，并能够结合区域的社会经济特点分析其来源，提出治理措施。

（二）实验原理

不同粒径的大气颗粒物质量不同、惯性不等，通常粒径越大，质量越大，惯性越大。因此，可以根据惯性大小差异，采集不同粒径的颗粒物。

大气颗粒物中水溶性无机阴离子包括SO_4^{2-}、NO_3^-、PO_4^{3-}、Cl^-、F^-。水溶性无机离子具有溶解性，可以用蒸馏水提取，得到样品。

样品随淋洗液进入阴离子分离柱，由于不同阴离子对低容量阴离子交换树脂的亲和力不同而彼此分开。在不同时间随洗提液进入抑制柱，转换成高电导型酸，而洗提液被中和，转换为低电导的水或碳酸，样品中的阴离子得以依次进入电导测量装置测定，根据电导峰的高低（或峰面积），与混合标准溶液相应阴离子的峰高（或峰面积）比较，即可求出样品中各阴离子的浓度。

（三）仪　器

（1）大气颗粒物采样器。

（2）离子色谱仪。

（3）超声振荡器。

（4）抽滤瓶。

（5）抽滤瓷漏斗。

（6）剪刀。

（7）滤膜。

（8）比色管：10 mL、25 mL。

（9）手套。

（四）试　剂

1. 淋洗储备液（0.30 mol/L Na_2CO_3-0.25 mol/L $NaHCO_3$）

准确称取 15.90 g 无水 Na_2CO_3和 10.50 g $NaHCO_3$，分别溶于水中，移入 500 mL 容量瓶中，用水稀释至标线，混匀。可储存于聚乙烯塑料瓶中，于 4 °C 冰箱保存。

2. 淋洗使用液（0.006 mol/L Na_2CO_3-0.005 mol/L $NaHCO_3$）

准确移取淋洗储备液 20.00 mL 于 1000 mL 容量瓶中，用水稀释至标线，混匀。可储存于聚乙烯塑料瓶中，于 4 °C 冰箱保存。

3. SO_4^{2-} 标准储备液（1000 mg/L）

称取 1.479 g 无水 Na_2SO_4（试剂使用前，105 °C±5 °C 烘干 6 h），溶于水，稀释后定容至 1000 mL，储存于聚乙烯塑料瓶。

4. NO_3^- 标准储备液（1000 mg/L）

称取 1.630 g K_2SO_4（试剂使用前，于 105 °C±5 °C 烘干 2 h），溶于水，稀释后定容至 1000 mL，储存于聚乙烯塑料瓶。

5. PO_4^{3-} 标准储备液（1000 mg/L）

称取 1.433 g KH_2PO_4（试剂使用前，于 105 °C±5 °C 烘干 2 h），溶于水，稀释后定容至 1000 mL，储存于聚乙烯塑料瓶。

6. F^- 标准储备液（1000 mg/L）

称取 2.210g NaF（试剂使用前，于 105 °C±5 °C 烘干 2 h），溶于水中，稀释后定容至 1000 mL，储存于聚乙烯塑料瓶。

7. Cl^- 标准储备液（1000 mg/L）

称取 1.649 g NaCl（试剂使用前，于 105 °C±5 °C 烘干 2 h），溶于水，用水稀释后定容至 1000 mL。

8. 标准使用液

配制成含 5 种阴离子的标准使用液，即 400 mg/L SO_4^{2-}、100 mg/L NO_3^-、60 mg/L PO_4^{3-}、10 mg/L F^-、200 mg/L Cl^- 的混合标准使用液。

分别移取 100 mL SO_4^{2-} 标准储备液、25.00 mL NO_3^- 标准储备液、15.00 mL PO_4^{3-} 标准储备液、2.5 mL F^- 标准储备液、50 mL Cl^- 标准储备液于 250 mL 容量瓶中，用水稀释至标线，现用现配。

（五）实验步骤

1. 确定采样点和采样时间

根据区域社会经济特点和气象条件设置采样点和采样时间，绘制采样点示意图。

2. 采　样

将大气颗粒物分级采集器放置在空旷地带，安装事先烘干至恒重[①]并称得质量（G_0）

---

① 注：实为质量，包括后文的重量、干重等。但现阶段我国农林、环保等领域一直沿用，为使学生了解、熟悉行业实际情况，本书予以保留。——编者注

的采样滤膜。接通电源，设置采样流量为 5 L/min，采样时间为 1 h。记录温度、湿度、大气压强、风速、风向等大气状况。PM_{10} 与 $PM_{2.5}$ 分别采 3 个样。采样结束后，关闭电源，取下滤膜，妥善保存，并迅速送回实验室。

3. 样品预处理：提取水溶性无机离子

样品恒重后，称出滤膜的质量（G）。然后，将滤膜用剪刀剪碎后，置于 10 mL 比色管中，加入 5 mL 纯水，超声振荡提取。提取后的溶液用 0.45 μm 的微孔滤膜过滤，淋洗滤膜 6 ~ 7 次，滤液移入 25 mL 比色管，定容。如不能立即测量分析，应密封后放入冰箱，于 1 ~ 5 °C 下保存，不超过 7 d。

4. 测　定

（1）标准曲线的绘制。

分别移取标准使用液 2.5 mL、5.00 mL、10.00 mL、15.00 mL、25.00 mL 至编号为 1#、2#、3#、4#、5#的 5 个 100 mL 容量瓶中，用水稀释至标线，配制成不同浓度的 5 种阴离子混合标准溶液。标准系列浓度如表 2-8 所示。

表 2-8　标准系列浓度

阴离子	标准系列浓度/mg · L^{-1}				
	1#	2#	3#	4#	5#
SO_4^{2-}	10.00	20.00	40.00	60.00	100.0
NO_3^-	2.50	5.00	10.00	15.00	25.00
PO_4^{3-}	1.50	3.00	6.00	9.00	15.00
F^-	0.25	0.50	1.00	1.50	2.50
Cl^-	5.00	10.00	20.00	30.00	50.00

按照离子色谱图件的分析条件，从低浓度到高浓度测定混合标准溶液的峰面积（或峰高）。以各离子的测定浓度为横坐标、峰面积（或峰高）为纵坐标，绘制标准曲线。

（2）样品测定。

在与绘制标准曲线相同的色谱条件下，测量试样的峰高或峰面积。先将样品稀释 100 倍后进样分析，根据所得结果，再选择适当的稀释倍数重新进样分析。

5. 空　白

取事先烘干至质量恒定的滤膜，除不进行采样，经与样品相同的预处理后，按与样品分析相同的步骤测量空白试样的峰面积或峰高。

6. 分析计算

根据离子色谱分析结果，计算水溶性离子在不同粒径颗粒物中的含量，以及在大气中的浓度。

（六）数据记录与处理

1. 数据记录

（1）采样记录：填入表 2-9 中。

表 2-9　采样记录表

采样点名称		采样点类型
经度	纬度	海拔
采样开始时间	采样结束时间	气温、气压
湿度	风速	风向
样品体积		采样人
	采样人员观察到的情况：	
	监测点状况（是否有可见的污染源）：	

（2）标准曲线的绘制，数据填入表 2-10 中。

表 2-10　标准曲线的绘制

阴离子	标准系列					线性回归方程	相关系数
	1#	2#	3#	4#	5#		
SO_4^{2-}	10.00	20.00	40.00	60.00	100.00		
峰面积							
NO_3^-	2.50	5.00	10.00	15.00	25.00		
峰面积							
PO_4^{3-}	1.50	3.00	6.00	9.00	15.00		
峰面积							
F^-	0.25	0.50	1.00	1.50	2.50		
峰面积							
Cl^-	5.00	10.00	20.00	30.00	50.00		
峰面积							

（3）样品中阴离子浓度，数据填入表 2-11 中。

表 2-11　样品中阴离子浓度

阴离子	峰面积	试剂空白	稀释倍数	浓度/$mg \cdot L^{-1}$
SO_4^{2-}				
NO_3^-				
PO_4^{3-}				
F^-				
Cl^-				

样品中无机阴离子（SO_4^{2-}、NO_3^-、PO_4^{3-}、F^-、Cl^-）的质量浓度 c（mg/L），按下式计算：

$$c = \frac{h - h_0 - a}{b} \times D$$

式中　c——样品中某种阴离子的质量浓度，mg/L；

h——样品中待测离子的峰面积；

h_0——空白试样的峰面积；

b——回归方程斜率；

a——回归方程截距；

D——样品的稀释倍数。

2. 数据处理（计算）

（1）所采样品中该组分的含量 m，按下式计算：

$$m=c \times V$$

式中　m——采集样品中该组分的总质量，μg；

c——提取液中该组分的浓度，μg/mL；

V——提取液的体积，mL。

（2）颗粒物中阴离子含量 ρ，按下式计算：

$$\rho = \frac{m}{G - G_0}$$

式中　ρ——颗粒物中水溶性无机离子的含量，mg/kg；

G——采样后滤膜的质量，g；

G_0——采样前滤膜烘干至质量恒定后的质量，g。

（3）所采气体标准状态下的体积 V_n，按下式计算：

$$V_n = v \times t \times \frac{p}{273+T} \times \frac{1.01 \times 10^5}{298} \times 10^{-3}$$

式中　V_n——标准状态下气体的体积，m^3；

v——采样流量，L/min；

t——采样时间，min；

p——采样大气压力，Pa；

T——采样大气温度，°C。

（4）大气中阴离子的浓度 c_n，按下式计算：

$$c_n = \frac{m}{V_n}$$

式中　c_n——大气中该组分的浓度，$\mu g/m^3$。

（5）设计表格，记录结果（颗粒物中阴离子含量、大气中阴离子浓度），要求能够反映数据变化规律。

（七）问题讨论

（1）试分析：PM_{10} 与 $PM_{2.5}$ 中分别是哪种水溶性无机离子含量高？这种现象反映了当地大气污染的哪些特征？

（2）从颗粒物中水溶性无机离子含量的高低，试判断当地的大气污染是一次污染为主还是二次污染为主，主要的污染源是什么。

（八）注意事项

（1）样品测定时的色谱条件应与标准曲线相同，包括使用同样大小的样品环。每次进样前，必须用新的样品彻底冲洗进样环路。

（2）样品分析完后，应继续通 20 min 以上的淋洗液，以免样品中的某些物质残留在柱体中，影响柱子的性能。

二、城市降水的 pH 特征

大气中的酸性物质通过雨、雪、雾、冰雹等迁移到地面的过程，称为酸性降水。酸雨是最常见的一类酸性降水。

CO_2 可溶于水，是未被污染的大气中含量比较高的酸性气体，影响天然降水的 pH。如果只考虑大气中的 CO_2 对降水 pH 影响，可以通过计算，得到降水的 pH=5.6。因此，国际上一般把 pH 为 5.6 作为判断酸雨的界限，pH 小于 5.6 的降雨称为酸雨。

城市区域降水的 pH 主要受污染排放的影响。当降水吸收并溶解空气中的 SO_2、NO_x 等其他酸性气体时，就会形成酸雨。我国酸雨形成的主要原因是含硫燃煤的燃烧，以及机动车尾气的排放。

酸雨可导致土壤酸化，加速土壤矿物质流失，使土壤贫瘠化，影响植物生长，对地球生态系统造成危害。酸雨不仅会增加土壤和水环境中重金属的移动性，还会危害人体健康。酸雨还使材料受腐蚀，影响建筑设施的使用寿命。

对城市降水 pH 的测定，能够帮助我们了解该区域是否有酸雨，以及形成酸雨的原因。

（一）实验目的

（1）学习和掌握降水量、降水 pH 的测定方法。

（2）掌握 pH 计的使用方法。

（3）了解影响酸雨形成的因素，酸雨的时空分布特点以及城市发展对酸雨形成的影响。

（二）实验原理

1. 酸雨的概念

未被污染的大气中，可溶于水且含量比较高的酸性气体是 CO_2。如果只把 CO_2 作为影响天然降水 pH 的因素，根据 CO_2 在全球大气中的体积分数与纯水的平衡，由一定温度下的 CO_2 水合平衡常数，二元酸 H_2CO_3 的一级和二级平衡常数、水的离子积、CO_2 分压，可以计算得 pH=5.6。当降水的 pH<5.6 时，称为酸雨。如果一个地区全年降水的平均 pH 小于 5.6，这个地区被称为酸雨区。

2. pH 计的工作原理

pH 计主要由参比电极（甘汞电极）、指示电极（玻璃电极）和精密电位计三部分组成。以玻璃电极与饱和甘汞电极组成工作电池，此电池可用下式表示：

$$Ag, AgCl \mid HCl \mid 玻璃膜 \mid 水样 \mid\mid KCl（饱和）\mid Hg_2Cl_2, Hg$$

在一定条件下，上述电池的电动势（E）与水样的 pH 成直线关系，可表示为

$$E=K+0.059\text{pH}\ (25\ ^\circ\text{C})$$

但是，实际工作中，不可能用上式直接计算 pH，而是用一个确定的标准缓冲溶液作为基准，并比较包含水样与包含标准缓冲溶液的两个工作电池的电动势来确定水样的 pH。

（三）仪　器

（1）虹吸式雨量计。
（2）小塑料桶。
（3）pH 计。
（4）锥形瓶。

（四）试　剂

（1）pH=4.00 的标准缓冲溶液。
（2）pH=6.86 的标准缓冲溶液。
（3）pH=9.18 的标准缓冲溶液。

（五）实验步骤

1. 确定采样点、采样时间和采样频次

按照大气采样点的设置原则，根据城市的人口与工业分布情况，分别在市区和郊区设置一个采样点，分春、夏、秋、冬四个时段采样。每次降水，24 h 采样一次，采集时间为上午 9:00 至次日上午 9:00，若一天中有几次降雨（雪）过程，则将几次降雨过程合并为一个样品进行收集。

2. 采集样品

将塑料小桶固定在离地面 1.2 m 处，采集全过程雨（雪）样。采集之前，用去离子水清洗容器并晾干。采样雨样的同时用雨量计测量降雨量。

3. 测定 pH

（1）校准 pH 计。

① 定位校准。将电极插入 pH=6.86 的缓冲溶液中，调节定位，使仪器显示溶液在当时温度下的标称 pH。

② 斜率校准。将电极插入 pH=4.00 或 9.18 的缓冲溶液中，调节斜率，使仪器显示溶液在当时温度下的标称 pH。

（2）测量。

先用纯水仔细冲洗两个电极，再用样品冲洗，然后将电极浸入样品中，小心搅拌或摇动使其均匀，读数稳定后，记录 pH。

要取得精确的测量结果，应使被测水样温度与标定时的缓冲液温度一致。

（六）数据记录与处理

（1）根据选取的采样点位置，绘制采样点示意图。

（2）设计表格，记录 pH 与雨量。

（3）降水 pH 的月均值采用氢离子浓度 $c(H^+)$，降雨量加权法计算：

$$c(H^+)=10^{-pH}$$

$$\overline{c(H^+)}=\frac{\sum_{i=1}^{n}c(H^+)\cdot V_i}{\sum_{i=1}^{n}V_i}$$

$$\overline{pH}=-\lg\overline{c(H^+)}$$

式中 $\overline{pH}$——降水 pH 的月均值；

$\overline{c(H^+)}$——氢离子浓度月均值，mol/L；

$c(H^+)$——每个降水样品 pH 对应的氢离子浓度值，mol/L；

V_i——每个降水样品对应的降雨量，mm；

$\sum_{i=1}^{n}V_i$——月累计降雨量，mm；

n——月样品个数。

（七）问题与讨论

（1）采样区域是否存在酸雨？

（2）酸雨在时间分布上有何特征？

（3）市区和郊区降水的 pH 特征有何不同？

（4）结合城市的社会经济活动特点，分析形成酸雨的原因。

（八）注意事项

（1）玻璃电极在使用前应在蒸馏水中浸泡 24 h 以上，用毕后要冲洗干净，浸泡在水中。

（2）测定时，应将玻璃电极的球泡全部浸入溶液中，稍高于甘汞电极的陶瓷芯端，以免搅拌时碰破。

（3）甘汞电极中饱和氯化钾的液面必须高于汞体并应有适量的氯化钾晶体存在，以保证氯化钾溶液达到饱和。使用前应先拔掉上孔胶塞。

（4）玻璃电极球泡受污染时，先用稀盐酸溶解无机盐结垢，再用丙酮除去油污（但不能用无水乙醇）。按上述方法处理的电极应在水中浸泡一昼夜再使用。

三、气候箱法测量室内装饰板材的甲醛释放量

甲醛是一类无色、有强烈刺激性气味的气体，溶于水，由于具有防腐、防虫功能，被广泛应用在建筑装修材料中。但是甲醛熔沸点低，很容易从材料中挥发出来。如果人体长期处于甲醛浓度较高的室内，会造成急、慢性中毒，甚至致癌、致胎儿畸形、致基因突变。

随着生活水平的提高，人们对室内装修的审美要求越来越高，装饰程度也随之提高。一般的室内装饰材料，包括各类板材、涂料、纺织品等。这些材料在室内环境条件下释放甲醛，并持续一定时间，对室内居住者的健康构成威胁。因此，国家对室内装饰装修材料人造板及其制品中甲醛释放量做了限制性规定（见 GB 18580—2017）。通过实验掌握装修材料的甲醛释放情况，可以为室内环境空气污染防治提供参考。

（一）实验目的

（1）掌握甲醛检测仪的使用方法及其自动采样系统、软件的使用。

（2）掌握气候箱法测人造板材的甲醛释放量。

（3）了解国家对人造板材甲醛释放量的有关规定以及室内空气中甲醛含量的有关标准，比较判断人造板材的甲醛释放量是否符合国家有关标准。

（二）实验原理

人造板材释放甲醛不仅受自身生产过程、产品性质影响，而且受温湿度、空气流通性、板材载荷量等环境因素影响，导致甲醛释放量和释放持续时间不同，对环境的影响程度不同。气候箱测试法是按照人们生活的环境条件设置温湿度、空气变换率和空气流量，将一定载荷量人造板材放入箱中，释放甲醛，当容器中甲醛达到一定浓度

后，定期采样，测定浓度，直到气候箱内甲醛浓度达到稳定状态，以此作为板材的甲醛释放量。

甲醛检测仪使用高效的电化学传感器技术来测定空气中的甲醛浓度。甲醛传感器由两根惰性金属电极及适当的电解液组成。当空气通过内部采样系统被吸入传感器时，产生一个电压值，与所采样气中甲醛的浓度成正比。这是由于甲醛在传感器的一根电极上经催化活化，发生电氧化反应，从而产生电压，这个电压信号通过精密放大器放大并显示在屏幕上。甲醛检测仪经过标准气样校准后，进行测定，所测出的空气中的甲醛浓度以 10^{-6} 为单位在屏幕上显示出来。

（三）仪　器

（1）环境测试舱（1 m^3 气候箱）。

（2）PPM-HTV 甲醛分析仪。

（四）材　料

三种人造板材：胶合板、刨花板、细木工板。

（五）实验步骤

1. 设置环境测试舱的测试条件

温度：23 °C±1 °C；相对湿度：45%±5%；空气变换率（1±0.05）次/h；被测样品表面附近空气流速：0.1 ~ 0.3 m/s。

2. 校准 PPM-HTV 甲醛分析仪

将标准气样在室温下平衡 1 h，同时用温度计测量室温，根据室温查得室温下标准气样的浓度值。将室温下平衡后的标准气样与打开的甲醛分析仪采样口相连，采气测量。然后，根据查得的浓度对甲醛分析仪进行校准。

3. 采样时间与采样频率

PPM-HTV 甲醛分析仪具有自动监测功能。设定每 24 h 采样测试 1 次。当连续 2 d 测试浓度下降不大于 5%时，可认为达到了平衡状态，以最后 2 次测定结果的平均值作为材料游离甲醛释放量测定值；如果在测试第 28 天达不到平衡状态，则以第 28 天的测试结果作为游离甲醛释放量测定值。

4. 人造板材取样

三种人造板材按表面积与气候箱体积之比为 1∶1，取样，分别垂直放置到气候箱内中心位置。

5. 连接 PPM-HTV 甲醛分析仪与环境测试舱

将甲醛分析仪的采样口与环境测试舱相连，开机，按下仪器“sample”键，采样泵工作，开始采样分析。

6. 采集数据

甲醛分析仪与计算机相连接，自动进行数据采集。

（六）数据记录与处理

（1）根据甲醛分析仪自动采样分析得到的数据，设计表格，整理、记录不同采样时间的环境测试舱中甲醛的浓度值。

（2）根据记录情况，判断人造板材释放甲醛达到稳定状态所需时间，以及稳定时的环境浓度。

（七）问题与讨论

（1）哪种人造板材的甲醛释放时间较长？

（2）哪种人造板材的甲醛释放量较大？

（3）如何防治室内环境的甲醛污染？

（八）注意事项

（1）使用 PPM-HTV 甲醛分析仪前须用标准气样进行校准。

（2）三种板材在环境测试舱中的载荷要一致。

（3）气候箱内材料之间的距离不小于 20 cm，而且与气流方向平行。

第三章 水环境化学实验

地球有 3/4 左右的面积被水覆盖，但人类能够利用的水资源却不到其中的 0.1%。随着人类社会的发展，工农业生产过程中排放的污染物质数量越来越多，其性质也越来越复杂。这些污染物大量进入水体，超过水体自我净化能力，导致水质恶化，不仅使有限的水资源进一步减少，而且使水生生态系统受到危害，影响人类健康。

为了保护水资源，防治水污染，维护人类健康，需要掌握污染物在水体中的分布情况、迁移转化规律及其对水生生态系统的影响。因此，我们一方面要了解和掌握水体中典型污染物的测定方法；另一方面还要将水体污染物的分析测定方法应用到实际的水环境问题分析当中，以了解真实的水域水体水质变化规律，或者将测试结果与水质标准联系起来，判断水质情况，从而为水环境管理和水污染防治提供参考依据。

第一节　基础与认识

一、水体 pH、溶解氧（DO）的测定与水质评价

pH 和溶解氧（DO）都是常用的水质指标，对水中生物生长具有重要影响。pH 反映水的酸碱性，影响废水的生化处理、有毒物质的毒性等。天然水体的 pH 为 6 ~ 9；饮用水的 pH 要求 6.5 ~ 8.5；为了防止金属设备和管道被腐蚀，工业用水的 pH 须保持 7.0 ~ 8.5。分子态氧溶于水中被称为溶解氧。当水中溶解氧浓度低于 4 mg/L 时，许多鱼类会出现呼吸困难，溶解氧继续减少，还会窒息死亡。不仅如此，水中微生物的生长繁殖也受 DO 的影响，因此 DO 会影响废水的生化处理，是废水处理中的一项重要的控制性指标。

对于天然水体的 pH 与 DO，一般要求现场测定。下面介绍水体 pH 和 DO 的现场测定方法。

（一）实验目的

（1）掌握水体 pH 与 DO 的现场测定方法。

（2）掌握氧电极法测定水中溶解氧的原理和方法。

（3）了解未受污染水体 pH 与 DO 的范围，掌握根据 pH 与 DO 进行水质评价的方法。

（4）了解影响水体 pH 与 DO 的因素。

（二）实验原理

1. pH 的测定

pH 计是以玻璃电极为指示电极，饱和甘汞电极为参比电极组成的工作电池。用一个确定的标准缓冲溶液作为基准，并比较包含水样和包含标准缓冲溶液的两个工作电池的电动势来确定水样的 pH。

2. 溶解氧（DO）的测定

溶解氧测定仪的氧电极由阴极、阳极、薄膜和壳体组成。电极腔内充入氯化钾溶液，薄膜将内电解液和被测水样隔开，水样中的溶解氧通过薄膜渗透扩散，在阴极上还原，产生与氧浓度成正比的扩散电流。当测定条件固定，只要测得还原电流就可以求出水样中的溶解氧。该方法快速简便，可用于现场和连续自动测定。

（三）仪　器

（1）采水器。
（2）烧杯。
（3）便携式 pH 计。
（4）便携式溶解氧测定仪。

（四）试　剂

（1）缓冲溶液：pH=6.86。
（2）缓冲溶液：pH=4.00。

（五）实验步骤

1. 确定采样点

根据水体采样点设置原则，确定测定 pH 与 DO 的采样点，并画出示意图。

2. 仪器校准

（1）校准 pH 计。

第一步，定位校准。将电极插入 pH=6.86（25 °C）的缓冲溶液中，用专业工具（附件螺丝刀）调节定位，使仪器显示溶液在当时温度下的标称 pH。

第二步，斜率校准。将电极插入 pH=4.00（25 °C）的缓冲溶液中，用专业工具调节斜率，使仪器显示溶液在当时温度下的标称 pH。

（2）便携式溶解氧测定仪的准备。

装配探头，并加入所需电解质。使用过的探头，要检查探头膜内是否有气泡或铁锈状物质。必要时，需取下薄膜重新装配。装配好后，进行调零和校准。

3. 现场测定

（1）测定 pH 前，先用水仔细冲洗两个电极，再用水样冲洗，然后将电极浸入水样中，小心搅拌或摇动使其均匀，读数稳定后记录。

（2）将便携式溶解氧测定仪的探头置入水体适当深处测定。当读数稳定时，记录测定值。

4. 测定结束

关闭电源，清洗探头，擦拭干净，取出电池。

（六）数据记录与处理

1. 记录各采样点的 pH 与 DO

填入表 3-1 中。

表 3-1　各采样点的 pH 与 DO

采样点	1	2	3	4	5
pH					
$DO/mg\cdot L^{-1}$					

2. 采用标准指数法进行单项水质因子评价

（1）根据水体环境功能和保护目标，对照《地表水环境质量标准》（GB 3838—2002）确定应执行的水质类别及相应的 pH 范围和 DO 的浓度限值。

（2）根据各点 pH 实测值，按下式计算 pH 的标准指数。

$$pH_j \leqslant 7.0 \text{ 时，} S_{pH_j} = \frac{7.0 - pH_j}{7.0 - pH_{sd}}$$

$$pH_j > 7.0 \text{ 时，} S_{pH_j} = \frac{pH_j - 7.0}{pH_{su} - 7.0}$$

式中　S_{pH_j}——采样点 j 的 pH 标准指数；

pH_j——采样点 j 的 pH 实测值；

pH_{sd}——评价标准中 pH 的下限值；

pH_{su}——评价标准中 pH 的上限值。

（3）根据各采样点 DO 实测浓度，按下式计算 DO 的标准指数。

$$DO_j \geqslant DO_s \text{ 时，} S_{DO_j} = \frac{|DO_f - DO_j|}{DO_f - DO_s}$$

$$DO_j < DO_s \text{ 时，} S_{DO_j} = 10 - 9\frac{DO_j}{DO_s}$$

式中　S_{DO_j}——采样点 j 的 DO 标准指数；

DO_f——某水温、气压条件下的饱和溶解氧，mg/L，DO_f=468/(31.6+T)，T为水温（°C）；

DO_j——溶解氧实测值，mg/L；

DO_s——溶解氧的评价标准限值，mg/L。

（4）根据标准指数判定水质是否满足要求。

将标准指数计算结果填入表3-2。标准指数>1，表明该水质参数超过了规定的水质标准，不能满足使用要求。根据最大不利原则判定各采样点水质能否满足使用要求。

表3-2　各采样点的pH标准指数与DO标准指数

采样点	1	2	3	4	5
pH标准指数					
DO标准指数					
能否满足使用要求					

（七）问题与讨论

（1）根据测得的pH与DO比较各采样点处的水质情况，并判断是否满足该水体的功能要求。

（2）根据水体周边的排污情况及生态环境状况，讨论影响该水体pH与DO的因素。

（八）注意事项

（1）pH校准结束，要取得精确的测量结果，应使被测水样温度与标定时的缓冲液温度一致。

（2）氧电极法一般适用于溶解氧浓度大于0.1 mg/L的水样。水样有色、含有能够与碘发生化学反应的有机物时，不宜用碘量法及其修正法测定，可用氧电极法。但水样中含有氯、二氧化硫、碘、溴的气体或蒸气，可能干扰测定，需要经常更换薄膜或标准电极。

二、天然水中不同价态微量铁的分析测定

铁在地壳中丰度较高，是生物体必需的微量元素之一。由于受地质结构、水体氧化还原电位、酸碱度和人为排放废水的影响，不同地区天然水体中铁含量分布的差异较大。有些水体中铁的含量仅有每升数微克，有的则每升超过1 mg。天然水体中铁的形态是多种多样的，包括水合离子、无机配合物、有机配合物、胶体粒子、悬浮颗粒物、沉积态等。水体中的铁一般根据化合价分为三价和二价两种形态。不同形态的铁并存于水体中。在还原性条件下，以二价铁为主；氧化性条件下，则以三价铁为主。地下水和河流湖泊的底层水中，铁往往以低价态存在；在pH>5的氧化性条件下，二价铁被氧化为三价铁，三价铁易水解，生成不溶性的氢氧化物。因此，天然水中铁的含

量并不高。但是，人类的工业活动，如选矿、冶炼、机械加工、电镀等，排放出的大量含铁废水可使受纳水体的铁含量远远超过其背景值。

一般来说，铁对人体和动物是低毒或无毒的，但是，当饮用水源中铁含量超过一定浓度，水会变成黄色或黄褐色，并产生令人不愉快的金属味，过量的铁也会对人体健康造成不利影响。一些工业生产过程，如纺织、染整、造纸等，对水中铁含量有较严格的限制性要求，过高的铁含量会导致产品出现黄斑，影响产品质量。水中铁的形态不仅直接影响其参与光化学反应的过程，还决定了铁的生物可利用性，间接影响水生生态系统的结构与功能。因此，对水体中铁进行形态分析并测定其含量，对于研究铁元素的环境化学行为、保障用水安全具有重要意义。

目前，国内外用于测定铁含量的方法有原子吸收法、紫外-可见分光光度法等。原子吸收法适用于含铁浓度较高的环境水样和废水的分析，但难以进行形态分析。分光光度法可用于生活饮用水及其水源水中铁含量的分析，而且可以进行铁离子和亚铁离子两种不同形态铁的分析。

（一）实验目的

（1）掌握邻菲罗啉分光光度法测天然水中铁含量的基本原理。

（2）掌握紫外-可见分光光度计的使用方法。

（3）掌握水体中总铁和亚铁离子的测定方法。

（二）基本原理

在 pH 为 3 ~ 9 的溶液中，亚铁离子与邻菲罗啉反应生成橘红色配合物，反应如下：

$$Fe^{2+} + 3\,(\text{phen}) \longrightarrow [Fe(\text{phen})_3]^{2+}$$

生成的配合物在酸性条件下较稳定，避光可保存半年，能吸收可见光，在波长 510 nm 处有最大吸收。因此，根据朗伯-比尔定律可以用分光光度法测定亚铁离子的浓度。

为了测定铁离子，可以先用还原剂（如盐酸羟胺）将其还原成亚铁离子，反应方程式如下：

$$2Fe^{3+} + 2NH_2OH \cdot HCl \longrightarrow 2Fe^{2+} + N_2\uparrow + 4H^+ + 2H_2O + 2Cl^-$$

所有的亚铁离子与邻菲罗啉配合，再用分光光度法测定，测出的是总铁含量。总铁与亚铁离子的差值为铁离子含量。

因此，邻菲罗啉分光光度法可以分别测定铁离子和亚铁离子浓度，适用于地表水、地下水及废水中铁的测定。最低检出浓度为 0.03 mg/L，测定下限为 0.12 mg/L，测定的上限为 5.00 mg/L（HJ/T 345—2007）。

（三）仪　器

（1）分光光度计。
（2）比色皿：10 mm（若水样浓度较低，可用 30 mm 或 50 mm 比色皿）。
（3）具塞比色管：50 mL。
（4）锥形瓶：150 mL。
（5）容量瓶：100 mL。
（6）烧杯：100 mL。
（7）移液管：1 mL、2 mL、5 mL、10 mL、25 mL。
（8）滤膜：0.45 μm。

（四）试　剂

1. 含铁 1000 μg/mL 的标准溶液

介质为 H_2SO_4。

2. 含铁 100 μg/mL 的标准储备液

移取含铁 1000 μg/mL 的标准溶液 10 mL 于 100 mL 容量瓶中，用去离子水定容至标线。

3. 含铁 25 μg/mL 的标准使用液

移取 25.00 mL 铁标准储备液于 100 mL 容量瓶中，用去离子水定容至标线。

4. 0.5%（*m*/*V*）邻菲罗啉

称取 0.5 g 邻菲罗啉，溶解于去离子水中，加数滴盐酸溶解，并稀释至 100 mL。

5. 乙酸铵-乙酸缓冲溶液

称取 40 g 乙酸铵，加入 50 mL 冰乙酸，用去离子水稀释至 100 mL。

6. 10%（*m*/*V*）盐酸羟胺溶液

称取 10 g 盐酸羟胺，溶于去离子水，并稀释至 100 mL。

7. 浓盐酸

优级纯。

8. 盐酸

（1+3）。

（五）实验步骤

1. 绘制标准曲线

取 6 个锥形瓶，分别加入 0 mL、2.00 mL、4.00 mL、6.00 mL、8.00 mL、10.00 mL

铁标准使用液，加入蒸馏水至 50 mL，再加入 1 mL 盐酸（1+3）、1 mL 浓度为 10%盐酸羟胺溶液，加玻璃珠 1 ~ 2 颗。加热煮沸至溶液剩余约 15 mL，冷却后转移至 50 mL 具塞比色管中。加入 5 mL 乙酸铵-乙酸缓冲溶液、2 mL 0.5%邻菲罗啉溶液，加蒸馏水至标线，摇匀。显色 15 min 后，分别作为 0#、1#、2#、3#、4#、5#样品，以 0#样品为参比，于 510 nm 处测量吸光度。由吸光度对标准溶液的含铁量（μg）作图，得标准曲线。

2. 水样中亚铁离子浓度的测定

（1）采样。

取 2 mL 优级纯浓盐酸于 100 mL 水样瓶，将水样注满水样瓶，防止空气氧化。运回实验室，尽快测定。

（2）测定。

将水样用 0.45 μm 滤膜过滤后，取 20 mL 置于 50 mL 比色管，加入 5 mL 乙酸铵-乙酸缓冲溶液、2 mL 0.5%邻菲罗啉溶液，加水至标线，摇匀。显色 15 min 后，以水为参比，于 510 nm 处测吸光度。

3. 水样溶解性总铁浓度的测定

取 50 mL 过 0.45 μm 滤膜的水样于 150 mL 锥形瓶中，加入 1 mL 盐酸（1+3）、1 mL 10%盐酸羟胺溶液，加热煮沸至溶液剩余约 15 mL，冷却后转移至 50 mL 具塞比色管中。加入 5 mL 乙酸铵-乙酸缓冲溶液、2 mL 0.5%邻菲罗啉溶液，加水至标线，摇匀。显色 15 min，以水为参比，于 510 nm 处测吸光度。

4. 计算水中溶解态亚铁离子和铁离子浓度

（1）根据样品的吸光度在标准曲线上定量样品中的铁含量（m，μg）。

$$m=\frac{k-b}{a}$$

式中 a——样品的吸光度；

k——标准曲线的斜率；

b——标准曲线的截距。

（2）按下式计算亚铁离子浓度和铁离子浓度：

$$c(\mathrm{Fe}^{2+}\text{或 Fe，mg/L})=\frac{m}{v}$$

式中 V——取样体积，mL。

$$c(\mathrm{Fe}^{3+})=c(\mathrm{Fe})-c(\mathrm{Fe}^{2+})$$

（六）数据记录与处理

1. 绘制标准曲线

根据测得的标准系列溶液吸光度，记录数据于表 3-3，绘制标准曲线，确定标准曲线的斜率。

表 3-3 铁标准曲线的绘制

管号	0#	1#	2#	3#	4#	5#
标准使用液体积/mL	0	2.00	4.00	6.00	8.00	10.00
标准系列溶液铁含量/μg	0	50.00	100.00	150.00	200.00	250.00
y（A-A_0）						

回归方程：________________

相关系数：________________

2. 亚铁离子浓度的测定

根据亚铁离子实验数据计算水样中亚铁离子浓度，填入表 3-4 中。

表 3-4 水样中亚铁离子浓度

样品编号	0#	1#	2#	3#	4#	5#
取样体积 V/mL						
y（A-A_0）						
亚铁离子浓度/mg · L^{-1}						

3. 溶解性总铁及铁离子浓度的测定

根据溶解性总铁的实验数据，计算水样中溶解性铁离子及亚铁离子浓度，填入表 3-5 中。

表 3-5 水样中溶解性铁离子及亚铁离子浓度

样品编号	0#	1#	2#	3#	4#	5#
取样体积 V/mL						
y（A-A_0）						
溶解性总铁浓度 c(Fe)/mg · L^{-1}						
铁离子浓度 $c(Fe^{3+})$/mg · L^{-1}						

（七）问题与讨论

（1）进入湖泊的 Fe 较多时，会对水生生态系统产生哪些影响？

（2）采集水样时，为什么要加入盐酸？

（3）如果待测溶液的浓度不在标准曲线范围内，应如何处理？

（八）注意事项

（1）如果水样中含铁浓度超过测定上限，即 5.00 mg/L，可以通过稀释样品后进行测定。

（2）水样中的亚硝酸根、氢氰酸根、偏磷酸根及焦磷酸根等离子在 510 nm 处也有吸收，干扰测定。可通过在水样中加入盐酸并煮沸，使亚硝酸根与氢氰酸根分别转变为亚硝酸和氢氰酸并挥发除去（注意通风），偏磷酸根与焦磷酸根转变为正磷酸根，从而减少干扰。

（3）水中除铁外的某些其他金属离子能与邻菲罗啉形成有色配合物，干扰测定。若这些金属离子浓度较高，可以将其与邻菲罗啉配合后过滤除去，若浓度较低，可通过加入过量邻菲罗啉消除干扰。

（4）水样有底色时，可用不加邻菲罗啉的试液作为参比，对水样的底色进行校正。

三、正辛醇/水分配系数的测定

有机化合物的正辛醇/水分配系数（K_{ow}）指在一个由正辛醇和水组成的两相平衡体系中，化合物在正辛醇相的浓度（c_o）与其在水中浓度（c_w）的比值。正辛醇是一种长链烷烃醇，其结构与生物体内的碳水化合物和脂肪类似。因此，正辛醇/水分配系数可以用来模拟研究有机污染物在生物/水体系多介质环境中的行为和生态效应，是毒性预测、环境寿命评价、暴露分析评价、风险评价等工作的基础。例如，根据正辛醇/水分配系数可以预测农药对害虫的杀伤力、在土壤和水体中的吸附与解吸、从土壤和水体向空气的挥发、从环境介质向生物体的富集，从而评价有机农药对生态环境的影响。正辛醇/水分配系数反应化合物的疏水性。一般来说，正辛醇/水分配系数越大，疏水性越强。不同正辛醇/分配系数的化合物进入生物体内的概率不同，表现出生物毒性大小的差异。目前，正辛醇/水分配系数已经成为描述有机化合物在环境中行为的重要环境化学参数。

（一）实验目的

（1）巩固掌握有机化合物的正辛醇/水分配系数的定义及其在环境化学研究中的作用。

（2）掌握测定有机化合物的正辛醇/水分配系数的方法。

（3）掌握经典摇瓶法测定分配系数的操作技术。

（二）实验原理

摇瓶法是经典的直接测定 K_{ow} 的方法，被经济发展与合作组织（OECD）确定为标准方法。

该方法是在密闭容器中加入一定体积用经水饱和的正辛醇配制的受试物溶液和一定体积用正辛醇饱和的蒸馏水，放在恒温（实验温度为 20 ~ 25 °C）振荡器中振荡，使之达到分配平衡。离心后，测定水相中浓度。然后根据分配前受试物在正辛醇相的浓度（已知）计算出分配后受试物在正辛醇相的平衡浓度，从而计算出分配系数，如下式所示。

$$K_{ow} = \frac{c_o V_o - c_w V_w}{c_w V_o}$$

式中　c_o——有机化合物在正辛醇相中的初始浓度，μg/mL；

c_w——达到平衡后有机化合物在水相中的浓度，μg/mL；
V_o——正辛醇相的体积，mL；
V_w——水相的体积，mL。

（三）仪　器

（1）恒温振荡器。
（2）离心机。
（3）紫外分光光度计。
（4）分液漏斗。
（5）具塞比色管：10 mL。
（6）玻璃具塞离心管：10 mL。
（7）玻璃注射器（带针头）：5 mL。

（四）试　剂

1. 正辛醇

A.R 级。

2. 萘标准储备液（2.000 g/L）

称取 0.2000 g 萘（A.R），用乙醇溶解后转入 100 mL 容量瓶，稀释至标线。

3. 萘标准使用液（100 mg/L）

将储备液用乙醇稀释 20 倍。

4. 对二甲苯标准储备液（100 mg/L）

移取 1.00 mL 对二甲苯（A.R）于 10 mL 容量瓶中，用乙醇稀释至标线。

5. 对二甲苯标准使用液（400 μg/L）

取储备液 0.10 mL 于 25 mL 容量瓶中，用乙醇稀释至标线。

（五）实验步骤

1. 溶剂预饱和

向分液漏斗中加入 20 mL 正辛醇和 200 mL 二次蒸馏水，置于振荡器振荡 24 h，使二者相互饱和，静置使两相分离，将两相界面附近的溶剂弃去，分别保存备用。

2. 绘制标准曲线

（1）萘。

用移液管分别吸取 100 mg/L 萘标准使用液 0.10 mL、0.20 mL、0.30 mL、0.40 mL、0.50 mL 于 10 mL 比色管中，用正辛醇饱和的水稀释至标线，摇匀，得到浓度分别为

1.00 μg/L、2.00 μg/L、3.00 μg/L、4.00 μg/L、5.00 μg/L 的一组标准溶液。在紫外分光光度计上，在 278 nm 波长处，以正辛醇饱和的水为参比，测定标准系列的吸光度 A。

（2）对二甲苯。

用移液管分别移取 400 μg/L 的对二甲苯标准使用液 1.00 mL、2.00 mL、3.00 mL、4.00 mL、5.00 mL 于 25 mL 容量瓶中，用正辛醇饱和的水稀释至标线，摇匀。在紫外分光光度计上，在 227 nm 波长处，以正辛醇饱和的水为参比，测定标准系列的吸光度 A。

应用 Origin 软件或 Excel 软件进行数据处理，绘制标准曲线，给出回归方程和相关系数。

3. 分配系数的测定

（1）萘-正辛醇溶液的配制。

称取 0.700 g 萘，用经水饱和的正辛醇溶液溶解后转入 10 mL 容量瓶中并稀释至标线，配成 7000 mg/mL 的溶液。

（2）对二甲苯-正辛醇溶液的配制。

移取 4.0 mL 对二甲苯于 100 mL 容量瓶中，用经水饱和的正辛醇溶液稀释至标线，此溶液浓度为 4×10^4 μL/L。

（3）平衡时间的确定。

分别移取 1.00 mL 上述两种溶液各 5 份于 10 mL 具塞离心管中，用经正辛醇饱和的二次水稀释至标线。盖紧塞子，平放并固定在恒温振荡器上（25 °C±0.5 °C），分别振荡 1.0 h、1.5 h、2.0 h、2.5 h、3.0 h，取出样品，然后放到离心机中，以 3000 r/min 的转速离心 10 min，取水相，按标准曲线的测定方法测定受试物的吸光度并绘制吸光度-时间曲线。当吸光度随时间趋于稳定，表明受试物在两相中分配达到平衡，这一时间为平衡时间。

取水相的方法：先用一支滴管吸去大部分正辛醇相，再将一支 5 mL 带针头的玻璃注射器吸入部分空气，然后伸入溶液中，当注射器通过正辛醇相时，轻轻排出空气，“吹”开正辛醇相。针头进入水相一定深度后，吸取足够的水相，迅速抽出注射器，拆下针头，注射器中留下的即是无正辛醇污染的水相。

（4）分配系数的测定。

取 7000 mg/mL 的萘-正辛醇溶液 1.00 mL 于具塞离心管中，加水稀释至标线，塞紧塞子，固定在恒温振荡器上（25 °C±0.5 °C），按步骤（3）确定的平衡时间振荡，并按步骤（3）取水相的方法取样测定萘在水相的浓度。平行测定 3 份，同时以 1.00 mL 经水饱和的正辛醇做空白试样（两份）。

同样方法测定对二甲苯的分配系数。

（六）数据记录与处理

将实验数据分别填入表 3-6、表 3-7、表 3-8、表 3-9 中。

表 3-6　萘标准曲线的绘制

编号	1	2	3	4	5
浓度/μg · mL^{-1}	1.00	2.00	3.00	4.00	5.00
吸光度（$A-A_0$）					

线性方程：________________

相关系数：________________

表 3-7　对二甲苯标准曲线的绘制

编号	1	2	3	4	5
浓度/μL · mL^{-1}					
吸光度（$A-A_0$）					

线性方程：________________

相关系数：________________

表 3-8　平衡时间的测定

试样号	1	2	3	4	5
平衡时间/h	1.0	1.5	2.0	2.5	3.0
萘吸光度（$A-A_0$）					
对二甲苯吸光度（$A-A_0$）					

平衡时间：

表 3-9　分配系数的测定

样品	萘			对二甲苯		
	1	2	3	1	2	3
吸光度（$A-A_0$）						
c_w						
$K_{ow}=\dfrac{c_oV_o-c_wV_w}{c_wV_o}$						
$\lg K_{ow}$						
平均值						

（七）问题与讨论

（1）测定正辛醇/水分配系数的意义是什么？

（2）摇瓶法测定正辛醇/水分配系数的优缺点有哪些？

（八）注意事项

（1）正辛醇可挥发，有特殊气味，实验中应回收废液并保持实验室空气流通。

（2）正辛醇黏度较大，移取时应让黏在移液管壁上的正辛醇尽量流下，以保证所取体积正确。

（3）比色皿使用后应用乙醇洗干净。

第二节　探索与创新

一、水体富营养化评价

富营养化是水中氮（N）、磷（P）等植物性营养物质过多引起的一种水质污染现象。其特点是生物所需的 N、P 等营养物质进入流速较缓的水体，引起藻类及其他浮游生物大量繁殖，水体溶解氧浓度下降，水生生物大量死亡，水质恶化。富营养化是在流速缓慢水体中普遍发生的一种污染现象。富营养化作为一种自然过程，是水体衰老的一种表现。但是，人类活动加速了水体富营养化进程。生活污水、工业废水以及农田排水携带 N、P 等营养物质进入湖泊、河口和海湾等缓流水体，导致藻类及其他浮游生物急剧、过量生长，藻类死亡分解消耗大量溶解氧，形成厌氧环境，鱼类及其他生物因缺氧大量死亡，水体发黑、发臭。与此同时，藻类的优势种由硅藻、绿藻转为蓝藻，蓝藻分泌藻毒素，有毒性，使水质进一步恶化。

N、P 增加是造成水体富营养化的根本原因，叶绿素 a 反映水体中绿色植物的生长量，是水体富营养化的直接表现。因此，常用于水体富营养化程度评价的主要指标有总 N、总 P 和叶绿素 a 含量。

（一）实验目的

（1）应用水样采集方法设置采样点。

（2）掌握水中总氮、总磷和叶绿素 a 的测量方法。

（3）了解水中氮、磷对水质的影响，以及叶绿素 a 与水质间的关系。

（4）掌握运用综合营养状态指数法评价水体富营养化程度。

（二）实验原理

1. 总氮的测定

总氮测定方法通常采用碱性过硫酸钾在 120 ~ 124 °C 氧化，使水中亚硝酸盐氮、硝酸盐氮、无机铵盐、溶解态氨及大部分有机含氮化合物全部转化为硝酸盐后，再用紫外分光光度法测定。

60 °C 以上的水溶液中，过硫酸钾可分解产生氢离子和原子氧。反应方程式如下：

$$K_2S_2O_8 + H_2O = 2KHSO_4 + 1/2O_2$$

$$KHSO_4 = K^+ + HSO_4^-$$

$$HSO_4^- \rightleftharpoons H^+ + SO_4^{2-}$$

加入氢氧化钠用以中和氢离子，使过硫酸钾分解完全。在 120 ~ 124 °C 的碱性介质条件下，分解出的原子氧可使水样中含氮化合物的氮元素转化为硝酸盐，在此过程中有机物同时被氧化分解。

用紫外分光光度法分别于波长 220 nm 与 275 nm 处测定其吸光度，按 $A_s=A_{220}-2A_{275}$ 求出校正吸光度。

按照校正吸光度查标准曲线，求得水样中含氮量（m_N），根据测试的水样体积，按下式计算水样中的总氮含量：

$$总氮含量（mg/L）=m_N/V$$

式中 m_N——试样中含氮量，μg；

V——测试用水样的体积，mL。

2. 总磷的测定

中性条件下，用过硫酸钾消解试样，将所含磷全部转化为正磷酸盐。在酸性介质中，正磷酸盐与钼酸铵反应，生成磷钼杂多酸；磷钼杂多酸被抗坏血酸还原，生成蓝色配合物，用分光光度计在 700 nm 波长处测定吸光度，从而对磷定量。显色反应如下：

$$12(NH_2)_2MoO_4 + H_2PO_4^- + 24H^+ \xrightarrow{KSbC_4H_4O_7} [H_2PMo_{12}O_{40}]^- + 24NH_4^+ + 12H_2O$$

$$[H_2PMo_{12}O_{40}]^- \xrightarrow{C_6H_8O_6} H_3PO_4 \cdot 10MoO_3 \cdot Mo_2O_5$$

由吸光度查标准曲线，求得水样中含磷量（m_P），根据测试的水样体积，按下式计算水样中的总磷含量：

$$总磷含量（mg/L）=m_P/V$$

式中 m_P——试样中含磷量，μg；

V——测试用水样的体积，mL。

3. 叶绿素 a 的测定

用丙酮萃取色素，测量其吸光度，可以测得叶绿素 a 的含量。水中的悬浮物会干扰吸光度的测定，需要进行校正。

萃取液酸化前后分别在 665 nm 和 750 nm 处测量吸光度，进行浊度校正，得酸化前的吸光度 A 和酸化后的吸光度 A_a：

$$A=A_{665}-A_{750}，A_a=A_{665a}-A_{750a}$$

然后，用下式计算叶绿素 a 的浓度（μg/L）：

$$叶绿素 a 浓度=29(A-A_a)V_{萃取液}/V_{样品}$$

式中 $V_{萃取液}$——萃取液的体积，mL；

$V_{样品}$——样品体积，mL。

（三）仪　器

（1）塞氏盘。

（2）采水器。

（3）紫外-可见分光光度计。

（4）压力蒸汽消毒器，压力为 108 ~ 137 kPa，相应温度为 120 ~ 124 °C。

（5）具塞玻璃磨口比色管：25 mL、50 mL。

（6）锥形瓶：250 mL。

（7）容量瓶：100 mL、250 mL。

（8）具塞小试管：10 mL。

（9）移液管：1 mL、2 mL、10 mL。

（10）玻璃纤维滤膜：0.45 μm。

（四）试　剂

1. 超纯水

用作配制溶液时的溶剂。

2. 碱性过硫酸钾溶液

称取 40 g 过硫酸钾、15 g 氢氧化钠，溶于超纯水中，稀释至 1000 mL。溶液存放在聚乙烯瓶内，可储存 1 周。

3. 硝酸钾标准溶液

（1）标准储备液：称取 0.7218 g 经 105 ~ 110 °C 烘干 4 h 的优级纯硝酸钾（KNO_3）溶于超纯水中，移至 1000 mL 容量瓶中定容，得到 100 μg/mL 硝酸盐氮。

（2）标准使用液：将储备液用超纯水稀释 10 倍而得，此溶液每毫升含 10 μg 氮。

4. 盐酸（1+9）

浓盐酸与水按体积比 1∶9 混合。

5. 90%丙酮溶液

丙酮与水按 9∶1 体积比混合。

6. 稀盐酸

2 mol/L。

7. 钼酸盐溶液

溶解 13 g 钼酸铵[$(NH_4)_6Mo_7O_{24}\cdot 4H_2O$]于 100 mL 水中。溶解 0.35 g 酒石酸锑钾[$K(SbO)C_4H_4O_6\cdot 1/2H_2O$]于 100 mL 水中。

在不断搅拌下，将钼酸铵溶液缓缓加到 300 mL 硫酸（1+1）中，加酒石酸锑氧钾溶液并且混合均匀。储存在棕色玻璃瓶中，于 4 °C 下保存，至少稳定保存 2 个月。

8. 10%抗坏血酸溶液

溶解 10 g 抗坏血酸于 100 mL 蒸馏水中，转入棕色瓶，4 °C 可保存 1 个星期。

9. 磷酸盐标准储备液

称取 1.098 g KH_2PO_4，溶解后转入 250 mL 容量瓶中，稀释至标线，得到 1.00 mg/mL 磷溶液，于玻璃瓶中可保存 6 个月以上。

10. 磷酸盐标准使用液

量取 0.20 mL 标准储备液于 100 mL 容量瓶中，稀释至标线，得磷含量为 2.00 μg/mL 的标准溶液，临用时现配。

（五）实验步骤

1. 采集水样

按照采样方案（画出采样点示意图）采集水样，储存在聚乙烯瓶或硬质玻璃瓶中，带回实验室测定。

将塞氏盘平放入水中，逐渐下沉，至刚好看不到板面的白色时，记录其水深（m），此为水体透明度。

2. 测　量

（1）总氮的测定。

① 绘制标准曲线。

分别移取 0.00 mL、0.20 mL、0.50 mL、1.00 mL、3.00 mL、5.00 mL 硝酸钾标准使用液（10.0 μg/mL）于 25 mL 比色管中，用超纯水稀释至 10 mL 标线。加入 5 mL 碱性过硫酸钾溶液，塞紧塞子，并用纱布及纱绳裹紧管塞，防止溅出。将比色管置于压力蒸汽消毒器中，加热至顶压阀吹气，关阀，升温至 120 °C 开始计时，保持 120 ~ 124 °C 30 min，关闭消毒器，冷却，开阀放气，取出比色管，并冷却至室温。将比色管中液体颠倒 4 ~ 5 次混匀。

向比色管加入盐酸（1+9）1 mL，用超纯水稀释至 25 mL 标线。在紫外分光光度计上，以无氨水作为参比，用 10 mm 石英比色皿分别在 220 nm 及 275 nm 波长处测定吸光度。按 $A=A_{220}-2A_{275}$ 求出校正吸光度。用校正的吸光度绘制标准曲线。

② 水样测定。

量取 10.00 mL 试样于 25 mL 具塞比色管中，按照标准系列的测定步骤测定校正后的吸光度。

③ 空白试验用超纯水代替试样，按照水样操作步骤进行空白样品的吸光度测定，得空白样品的校正后吸光度。

（2）总磷的测定。

① 分别移取含磷 2.00 μg/mL 的磷酸盐标准溶液 0.00 mL、0.50 mL、1.00 mL、3.00 mL、5.00 mL、10.00 mL 于 50 mL 具塞比色管中，加水稀释至 25 mL，加 4 mL 过

硫酸钾溶液，摇匀，盖上玻璃塞，此为标准系列。

② 将水样充分摇匀后，取 25.00 mL 于 50 mL 具塞比色管中。另取 25.00 mL 超纯水代替样品，作为空白试样。向水样与空白试样中加入 4 mL 过硫酸钾溶液，摇匀，盖上玻璃盖。

③ 将步骤①与步骤②准备好的比色管用纱布及绳扎紧玻璃塞，置于压力蒸汽消毒器中加热，压力达到 108 kPa，温度保持在 120 ~ 124 °C，30 min 后停止加热；压力表读数降为零后，取出比色管并冷却至室温；加水稀释至标线。

④ 向以上各比色管中加入 1 mL 10%抗坏血酸，混匀，30 s 后加入 2 mL 钼酸盐溶液，充分混匀，放置 15 min，显色（蓝色），稳定。

⑤ 在可见分光光度计上，用 3 cm 比色皿，于 700 nm 波长处，以空白为参比，测量标准系列与水样的吸光度。

⑥ 以磷含量为横坐标、标准系列吸光度为纵坐标，绘制标准曲线，通过线性拟合得到线性回归方程及其相关系数。

⑦ 由水样扣除空白后的吸光度在标准曲线上定量出水样的总磷，计算水样的总磷含量。

（3）叶绿素 a 的测定。

① 取 500 mL 水样，经 0.45 μm 的玻璃纤维滤膜过滤。

② 将滤膜取下，卷成香烟状，放入离心管中。加 10 mL 或足以淹没滤纸的 90%丙酮溶液，记录体积，塞住瓶塞，在 4 °C 下暗处存放 4 h。

③ 将萃取液倒入 1 cm 玻璃比色皿中，以试剂空白为参比，分别在波长 665 nm 和 750 nm 处测定吸光度。

④ 加 1 滴 2 mol/L 盐酸于以上两只比色皿中，混匀并放置 1 min，再分别在波长 665 nm 和 750 nm 处测其吸光度。

⑤ 根据以上测得的吸光度代入叶绿素 a 的计算公式，计算出试样的叶绿素浓度。

（六）数据记录与处理

1. 水体透明度

透明度（cm）：

2. 总氮的测定

将绘制总氮标准曲线的有关数据填入表 3-10。

表 3-10　总氮标准曲线的绘制

硝酸钾标准使用液体积/mL	0.00	0.20	0.50	1.00	3.00	5.00
含总氮量/μg						
A_{220}						
A_{275}						
A_s（$A_{220}-2A_{275}$）						

线性方程：________________

相关系数：________________

将水样的测定数据填入表3-11，并计算水样中总氮含量。

表3-11　水样的测定

项目	水样体积/mL	A_{220}	A_{275}	A_s	总氮含量/mg·L^{-1}
数据					

3. 总磷的测定

将绘制总磷标准曲线的有关数据填入表3-12。

表3-12　总磷标准曲线的绘制

标准使用液体积/mL	0.00	0.50	1.00	3.00	5.00	10.00
含总磷量/μg						
吸光度（$A-A_0$）						

线性方程：________________

相关系数：________________

将水样的测定数据填入表3-13，并计算水样中总磷含量。

表3-13　水样的测定

项目	水样体积/mL	吸光度（$A-A_0$）	总磷含量/mg·L^{-1}
数据			

4. 叶绿素a的测定

将叶绿素a测定的有关数据填入表3-14，并计算叶绿素a含量。

表3-14　叶绿素a的测定

项目	$V_{样品}$/mL	$V_{萃取液}$/mL	A_{665}	A_{750}	A	A_{665a}	A_{750a}	A_a	叶绿素a含量/μg·L^{-1}
数据									

5. 水体富营养化评价

由测出的总氮、总磷、叶绿素a以及水体透明度指标，根据中国环境监测总站推荐的“综合营养状态指数法”（见附录D）评价该水体的富营养化状态。

（七）问题与讨论

（1）被测水体的富营养化程度如何？与我国其他相似水体相比，富营养化程度严重吗？

（2）水体中氮、磷的主要来源有哪些，如何控制水体富营养化？

（八）注意事项

（1）测定总氮时，为保证实验结果的可靠性，要求每批样品至少做 1 个空白实验，空白实验的校正吸光度应小于 0.003。如超过该值，应检查试剂与仪器的污染状况。

（2）配制碱性过硫酸钾时应注意，用水浴加热加快过硫酸钾溶解速度时，水浴温度要低于 60 °C，否则过硫酸钾会分解失去氧化能力。同时，要等氢氧化钠溶液冷却至室温后，再与过硫酸钾溶液混合、定容。

（3）总氮的测定涉及两个波长，可采用双波长紫外分光光度计，同时获取两个波长下的吸光度。如没有双波长分光光度计，建议在同一波长下测定完一组样品后，再调整到另一波长，统一测定。

（4）测定总磷时，显色剂需准确移取；由于温度对显色时间有影响，可以通过水浴加热缩短显色时间，显色后应在 30 min 内完成比色工作。

二、地表水中的重金属（铅、锌、铜、镉）含量测定及水质评价

水体由水、沉积物和水生生物三部分构成。其中，水中含有多种金属元素，有的是人体健康所必需的常量元素或微量元素，有些则是对人体健康和水生生态系统有害的，如汞、镉、铬、铅、砷、铜、锌、镍等重金属元素。

随着人类社会的飞速发展，重金属元素通过矿山开采、金属冶炼、化工生产等生产活动以及各类含重金属元素消费品的使用进入水体。溶解性重金属在水中更容易被水生生物吸收，进入食物链。由于重金属元素在生态系统中不能被分解，随食物链在生物体内富集，具有生物放大效应和持久毒性，危害人类及生物健康甚至生存，给生态系统带来威胁。如日本的水俣病事件和痛痛病事件分别与重金属汞、镉污染有关。

因此，我们需要关注水中重金属的含量，开展与之相关的污染评价，为水环境管理提供依据，维护水生生态系统的安全和健康。

（一）实验目的

（1）应用地表水采样原则，设计地表水重金属监测方案。

（2）掌握电感耦合等离子体原子发射光谱（ICP-AES）法测定水中的铜、铅、锌、镉含量。

（3）了解地表水体重金属的有关国家标准。

（4）掌握重金属综合污染指数法评价重金属污染程度。

（二）实验原理

电感耦合等离子体原子发射光谱（ICP-AES）法是以电感耦合等离子体焰炬为激发光源的发射光谱分析方法，用于测定环境中的多种元素。环境中的大多数微量甚至痕量的重金属元素，如铅、锌、镉、铜等，都可以用 ICP-AES 进行测定。电感耦合等离

子体焰炬温度可达 6000 ~ 8000 K。样品从进样器进入雾化器，并被氩载气带入焰炬后，样品组分被原子化、电离、激发，以光的形式发射出能量。不同元素的原子在激发或电离时发射不同波长的特征光，因此根据特征光的波长可进行定性分析；元素的含量不同，发射特征光的强度也不同，据此可以进行定量分析。发射特征光的强度与被测元素浓度之间具有以下定量关系：

$$I=ac^b$$

式中 I——发射特征光的强度；

c——被测元素的浓度；

a——与样品组成、形态及测定条件等有关的系数；

b——自吸收系数，$b\leqslant 1$。

（三）仪　器

（1）电感耦合等离子体原子发射光谱仪。

（2）容量瓶：100 mL。

（3）移液管：1 mL、5 mL。

（4）抽滤器（套组）。

（四）试　剂

（1）分析纯硝酸。

（2）体积分数为 2%的硝酸。

（3）铅、锌、铜、镉混合标准溶液：100 mg/L。

（4）玻璃纤维滤膜：0.45 μm。

（五）实验步骤

1. 采集水样

根据水体情况及水体两岸工农业分布情况，设置采样点，绘制采样点示意图。用聚乙烯采样器采集水样，储存在聚乙烯瓶或硬质玻璃瓶中，带回实验室测量。

2. 水样预处理

取水样 100 mL，静置 1 h，过 0.45 μm 滤膜，用硝酸酸化至 pH<2，制成待测样。同时用去离子水进行相同处理，做空白。

3. 绘制标准曲线

分别移取 0.00 mL、0.10 mL、0.20 mL、0.50 mL、1.00 mL、2.00 mL、3.00 mL 混合标准溶液（铜、铅、锌、镉浓度为 100 μg/mL）于 100 mL 容量瓶中，用 2%硝酸溶液定容，测定信号强度。以离子数强度为响应值，绘制标准曲线。

4. 水样测定

用 ICP-AES 测定待测样的信号强度，扣除空白后，为待测样的离子数强度。根据待测样的离子数强度在标准曲线上定量待测样中铜、铅、锌、镉的含量。根据待测样与水样的体积比，将待测样中铜、铅、锌、镉的含量换算成水样中的含量。

5. 评　价

运用重金属综合污染指数法评价测定水域的重金属污染程度。

（六）数据记录与处理

1. 铅、锌、铜、镉标准曲线的绘制

将绘制铅、锌、铜、镉标准曲线的有关数据填入表 3-15。运用 Excel 或 Origin 软件对浓度与信号强度之间的关系进行线性拟合，得标准曲线及相关系数（R^2），填入表 3-15。

表 3-15　铅、锌、铜、镉标准曲线的绘制

浓度/mg·L^{-1}		0.00	10.00	20.00	50.00	100.00	200.00
信号强度/cps	Pb						
	Zn						
	Cu						
	Cd						

标准曲线：____________________

相关系数：____________________

2. 水样中铅、锌、铜、镉的含量测定

将测得的待测样品信号强度（cps）代入标准曲线方程，求出待测样品的浓度。再根据下式求出水样中重金属的浓度：

$$c_{水样}=c_{待测样品}\times\frac{V_{待测样品}}{V_{水样}}$$

式中　$c_{水样}$——水样中重金属浓度，μg/L；

$c_{待测样品}$——水样经处理后用 ICP-AES 测得的浓度，μg/L；

$V_{待测样品}$——水样经处理后得到的待测溶液的体积，mL；

$V_{水样}$——水样的体积，mL。

测试和计算结果填入表 3-16 中。

表 3-16　水样中铅、锌、铜、镉含量

元素	信号强度/cps			含量/$\mu g \cdot L^{-1}$		
	待测样一	待测样二	待测样三	水样一	水样二	水样三
Pb						
Zn						
Cu						
Cd						

3. 水质评价

根据水体性质与功能确定应执行的水质标准，以相应的水质标准限值为参考值，通过单项污染指数与综合污染指数评价水质。

$$P_i = c_i / s_i$$

$$\mathrm{WQI} = \frac{1}{n}\sum_{i=1}^{n} P_i$$

式中　c_i——重金属 i 的实测浓度，μg/L；

s_i——重金属 i 的标准限值，μg/L；

P_i——单项污染指数；

WQI——综合污染指数。

（七）问题与讨论

（1）该水体是否存在重金属污染？

（2）哪一种重金属对水质的影响较大，其主要来源有哪些？

（八）注意事项

（1）测定样品过程中所用到的所有容器都必须经硝酸浸泡、荡洗，反复用去离子水冲洗，减少空白干扰。

（2）可以通过测量加标回收率来控制监测质量。

三、沉积物释放重金属（锌、铜、镉）的动力学实验

水体由水、沉积物和水生生物构成。重金属污染物进入水体后，多以沉积物形式存在于水体中，当水环境条件发生改变时重新释放出来，危害水生生态环境。不同水体由于其地理位置、地质背景、水环境条件、沉积物组成等不同，沉积物释放重金属的情况不同。在实验室中，固定温度、pH、水力扰动等因素，沉积物释放重金属的量随时间所发生的变化，称为释放动力学。根据水体沉积物释放重金属的动力学特点建立合理的动力学模型，有助于更好地了解沉积物中重金属释放的动力学趋势。

（一）实验目的

（1）掌握火焰原子吸收光谱法测定重金属元素。

（2）了解影响沉积物释放重金属的因素。

（3）了解沉积物释放重金属的动力学模型。

（二）实验原理

1. 火焰原子吸收光谱法

火焰原子吸收光谱法可用于测定多种金属元素。其基本原理是将含待测元素的样品溶液通过原子化系统喷成细雾，随载气进入火焰，并在火焰中解离成基态原子。当空心阴极灯辐射出待测元素的特征光通过火焰时，因被火焰中待测元素的基态原子吸收而减弱。在一定实验条件下，特征光的强度与火焰中待测元素基态原子的浓度服从朗伯-比尔定律。当原子蒸气和宽度固定时，则待测元素浓度与吸光度存在以下关系：

$$A=K\cdot c$$

式中 A——吸光度；

K——常数；

c——待测元素浓度。

因此，只要测出吸光度，就可以求出样品溶液中待测元素的浓度。

2. 沉积物中重金属的释放

沉积物中重金属主要以可交换离子态、碳酸盐结合态、铁锰氧化物结合态、有机结合态、残留态等形式存在。自然或人为活动的影响会导致水体理化性质发生改变，可能使重金属的各种形态相互转变，打破其吸附-释放平衡，使更多的重金属从沉积物中释放出来。影响重金属释放的主要因素有：pH、温度、离子强度、沉积物的组成、溶解氧及微生物等。

对某一特定的水体而言，沉积物的组成、溶解氧与微生物可以视为不变，在固定pH、温度、水力条件下，沉积物释放重金属的过程可分为两个阶段：第一阶段是重金属从沉积物表面的解吸过程，释放速率快；第二阶段是重金属从沉积物内部微孔向溶液中的缓慢扩散。沉积物释放重金属的动力学模型有以下五种：

（1）双常数方程（Freundich 修正式）：

$$\ln Q=b+a\ln t$$

（2）Elovich 方程：

$$Q=b+a\ln t$$

（3）抛物线扩散方程：

$$Q=b+at^{1/2}$$

（4）一级动力学方程：

$$\ln Q=b+at$$

（5）二级动力学方程：

$$1/Q=a+bt$$

式中　Q——释放量，mg/kg；
　　t——时间，h；
　　a，b——常数。

（三）仪　器

（1）原子吸收分光光度计。
（2）恒温振荡器。
（3）离心机。
（4）pH 计。
（5）烧杯：1000 mL。
（6）容量瓶：25 mL、100 mL。
（7）移液管：1 mL、5 mL。
（8）注射器：25 mL。
（9）针孔滤膜：0.45 μm。

（四）试　剂

（1）分析纯硝酸。
（2）10%硝酸。
（3）锌、铜、镉标准溶液：1000 mg/L。
（4）锌、铜、镉标准使用液：10 mg/L。
分别移取 1 mL 锌、铜、镉标准溶液于 100 mL 容量瓶，加水定容至标线。

（五）实验步骤

1. 采　样

根据水体情况布设采样点，画出采样点示意图。在采样点，用采样器采集沉积物约 1 kg。若使用金属采样工具取沉积物，为避免金属污染，收集采样器中间部位的沉积物，与采样器接触部分应弃去。装入聚乙烯采样袋，运回实验室。

2. 样品制备

将采得的沉积物平铺在搪瓷盘中，弃去其中的碎石、落叶、杂物等，在自然条件下风干，过 140 目筛，保存备用。

3. 实验室条件下模拟沉积物释放重金属

在 1000 mL 烧杯中加入 500 mL 去离子水，加入 50 mL HNO_3（分析纯），使 pH≈3。称取制备好的样品 10 g，加入烧杯中，在 22 °C，转数 200 r/min 条件下震荡，分别于 4 h、6 h、15 h、24 h、48 h、72 h 取出约 20mL 溶液。将取出的溶液在 3000 r/min 下离心 15 min，过 0.45 μm 滤膜，取 10 mL 置于 25 mL 的容量瓶中，加入 0.5 mL 浓硝酸，定容到标线，作为待测溶液。其余返回，并加入 10 mL 去离子水于原烧杯中，使烧杯中泥水比不变，滴加 HNO_3，用 pH 计测量 pH，使 pH 不变。

4. 测定样品溶液

（1）绘制标准曲线。

分别移取 10 mg/L 的 Zn、Cu、Cd 标准使用液 0 mL、0.5 mL、1 mL、2 mL、3 mL、5 mL 于 25 mL 容量瓶中，分别配制 Zn、Cu、Cd 的标准系列溶液，浓度分别为 0.00 mg/L、0.20 mg/L、0.40 mg/L、0.80 mg/L、1.20 mg/L、2.00 mg/L，测吸光度，扣除空白后得到标准系列溶液的吸光度，根据吸光度和浓度绘制标准曲线，得到标准曲线方程及其相关系数。

（2）样品溶液的测定。

测定待测溶液的吸光度，扣除空白后，在标准曲线上定量，求得待测溶液的重金属浓度。

5. 模型拟合

（1）由样品溶液浓度换算为沉积物的释放量。

$$Q=55Vc/m$$

式中 V——溶液的体积，mL；

m——样品的质量，g；

c——溶液中重金属的浓度，mg/L；

Q——重金属的释放量，mg/kg；

55——振荡的烧杯中溶液的总体积与所取上清液的体积之比。

（2）用 Excel 软件或 Origin 软件对沉积物释放量-时间曲线进行模型拟合，得到释放动力学方程。

（六）数据记录与处理

1. 标准曲线

将标准系列溶液的吸光度填入表 3-17，并用 Excel 软件或 Origin 软件进行线性拟合，得标准曲线的方程及其相关系数，填入表 3-17。

表 3-17　标准曲线

元素	标准系列溶液的吸光度（$A-A_0$）	标准曲线方程	相关系数
Zn			
Cu			
Cd			

2. 重金属释放

将测得的样品溶液吸光度代入标准曲线方程，求得样品溶液的重金属浓度，再按照下式将重金属浓度换算成沉积物释放量：

$$Q(\mathrm{mg/kg})=55Vc/m$$

将计算结果填入表 3-18。

表 3-18　重金属释放量　　单位：mg/kg

元素	时间/h					
	4	6	15	24	48	72
Zn						
Cu						
Cd						

3. 拟合动力学方程

（1）用 Excel 或 Origin 软件画出沉积物释放重金属的释放量-时间动力学曲线。

（2）用 Excel 或 Origin 软件进行 5 种模型的曲线拟合，将拟合情况填入表 3-19。

表 3-19　沉积物释放重金属的动力学方程

元素	参数	双常数方程	Elovich 方程	抛物线扩散方程	一级动力学方程	二级动力学方程
	a					
Zn	b					
	R^2					
	a					
Cu	b					
	R^2					
	a					
Cd	b					
	R^2					

（七）问题与讨论

（1）沉积物释放哪一种重金属元素的时间较长，该现象说明什么问题？

（2）对沉积物释放锌、铜、镉的动力学曲线进行模型拟合，哪种模型的拟合效果较好？

（八）注意事项

（1）实验室模拟重金属释放时须注意控制泥水比和 pH。

（2）标准系列溶液可以根据样品溶液的浓度情况进行调整。

四、Fe(Ⅲ)-草酸盐配合物对橙黄Ⅱ的光降解

染料广泛应用于食品、医药、印染和化妆品等行业。据统计，商业用途的染料种类已超过 100 000 种。但是有 10%～15%的染料在使用和生产过程中释放到环境中，成为重要的污染源。染料废水具有成分复杂、色度深、排放量大、难降解等特点，造成受污染水域色度增加，影响水体入射光线量，对水生生态系统带来不利影响；而且染料多为有毒物质，有较强的三致作用（致癌、致畸、致突变），排放到环境中对人类和其他生物的健康构成威胁。

橙黄Ⅱ是一种生物染色剂，用于生物染色。进入水体中的橙黄Ⅱ对水生生物有毒害作用，对水体生态系统产生长期不良影响。橙黄Ⅱ的结构式如下所示：

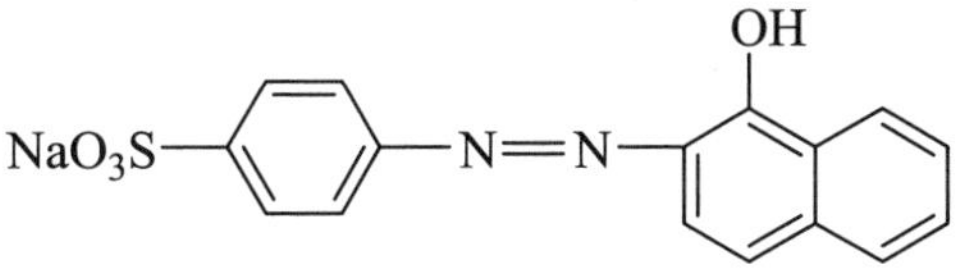

处理染料废水的方法主要有混凝沉降、化学氧化、生物处理以及电解等。在这些处理方法中，光化学水处理方法由于利用太阳能，处理效率较高，无二次污染，适于有机废水深度处理，受到环境领域的广泛关注。

1894 年，英国人 Fenton 发现在酸性条件下 H_2O_2 在 Fe^{2+}催化作用下可将酒石酸氧化。后人为纪念他将 Fe^{2+}和 H_2O_2 的组合试剂命名为 Fenton 试剂。它能有效氧化去除传统废水处理技术无法去除的难降解有机物，其实质是 H_2O_2 在 Fe^{2+}的催化作用下生成具有高反应活性的·OH。·H 可与大多数有机物作用使其降解。紫外光（UV）、Fe(Ⅲ)-草酸盐配合物引入水溶液染料光降解体系，铁-草酸盐-溶解氧体系在紫外光照射下，发生光解，生成 H_2O_2 和·OH，它们都是氧化性较强的活性物质。H_2O_2 与 Fe(Ⅱ)组成 Fenton 试剂，生成·OH。·OH 能破坏染料废水中染料分子的发色基团和分子结构，从而达到脱色和降解的目的。

（一）实验目的

（1）掌握 UV/Fe(Ⅲ)-草酸盐配合物体系对水溶性染料溶液的脱色原理。

（2）掌握在溶液相中光化学反应动力学测定的一般方法。

（二）实验原理

Fe(Ⅲ)-草酸盐配合物体系具有很高的光解效率，在紫外光作用下，Fe(Ⅲ)-草酸盐配合物-溶解氧体系发生光解，反应式如下：

$$[Fe(OX)_n]^{(3-2n)+} \longrightarrow [Fe(OX)_{n-1}]^{(4-2n)+} + OX\cdot^-$$

$$OX\cdot^- + O_2 \longrightarrow O_2\cdot^- + 2CO_2$$

$$O_2\cdot^- + H^+ \longrightarrow HO_2\cdot$$

$$HO_2\cdot / O_2\cdot^- + Fe(Ⅲ) \longrightarrow Fe(Ⅱ) + O_2$$

$$HO_2\cdot^- / O_2\cdot^- + Fe(Ⅱ) \xrightarrow{H^+} Fe(Ⅲ) + H_2O_2$$

按照 Fenton 反应机理，生成的 H_2O_2 与 Fe(Ⅲ)的还原产物 Fe(Ⅱ)反应，生成·OH：

$$Fe(Ⅱ) + H_2O_2 \longrightarrow Fe(Ⅲ) + \cdot OH + OH^-$$

·OH 具有强氧化性，可氧化橙黄Ⅱ，破坏染料分子共轭体系，导致橙黄Ⅱ染料分子中的偶氮键断裂，萘环与苯环结构发生开环，引起染料溶液脱色与降解。有研究表明，活性染料的光褪色反应为假一级反应，在不同时间取经光照的活性染料溶液，测定其浓度，用一级反应动力学方法处理可得橙黄Ⅱ在水溶液中的光褪色反应速率常数和半衰期。

（三）仪　器

（1）UV-9100 型分光光度计。
（2）梅特勒酸度计。
（3）XPA-1 型旋转式光化学反应器。
（4）石英试管：8 支，10 mL。
（5）容量瓶。
（6）移液管。
（7）比色管：50 mL。

（四）试　剂

1. 橙黄Ⅱ水溶液（100 mg/L）

称取 100 mg 橙黄Ⅱ溶于水，转移到 1000 mL 容量瓶中，定容到标线。

2. Fe_2Cl_3 溶液（0.01 mol/L）

准确称取 Fe_2Cl_3 试剂 1.6100 g，溶于水，转移到 1000 mL 容量瓶，定容到标线。

3. 草酸钾溶液（0.012 mol/L）

准确称取草酸钾 1.9920 g，溶于水，转移到 1000 mL 容量瓶，定容到标线。

4. 盐　酸

分析纯。

（五）实验步骤

1. 绘制标准曲线

取 7 只 100 mL 容量瓶（管号分别为 0#、1#、2#、3#、4#、5#、6#），分别移取浓度为 100 mg/L 的橙黄Ⅱ水溶液 0 mL、2 mL、5 mL、10 mL、15 mL、20 mL、25 mL，定容到标线，配制成标准系列。移取 7 只容量瓶内溶液于比色皿中，用分光光度计在 485 nm 处测量吸光度，绘制标准曲线。

2. 光降解实验

移取 20 mL 浓度为 100 mg/L 的橙黄Ⅱ水溶液、0.1 mL 浓度为 0.01 mol/L 的 Fe_2Cl_3 溶液、1 mL 浓度为 0.012 mol/L 的草酸钾溶液于 100 mL 容量瓶中，定容到标线。

用盐酸调节以上溶液 pH 至 3.5（pH 用酸度计测量）后，用自镇流水银灯照射，分别于 0 min、10 min、20 min、30 min、40 min、50 min、60 min 取一次样（即间隔 10 min 取一次样），每次取 10 mL。

取样品溶液于比色皿中，用分光光度计在 485 nm 处测定吸光度。

根据各样品溶液的吸光度，在标准曲线上定量。

3. 处理数据

计算并绘制 $\ln\frac{c_t}{c_0}-t$ 图。

（六）数据记录与处理

1. 标准曲线

将测得的标准系列的吸光度填入表 3-20，根据标准系列的浓度和吸光度，用 Excel 软件（或者 Origin 软件）拟合标准曲线，得到回归方程及其相关系数。

表 3-20　橙黄Ⅱ标准曲线

管号	0#	1#	2#	3#	4#	5#	6#
橙黄Ⅱ浓度/mg·L^{-1}	0	2	5	10	15	20	25
吸光度（$A-A_0$）							

回归方程：＿＿＿＿＿＿＿＿＿＿＿＿

相关系数：＿＿＿＿＿＿＿＿＿＿＿＿

2. 橙黄Ⅱ光降解数据及计算

在光降解实验条件下，橙黄Ⅱ的光降解反应为一级反应。因此，有

$$\ln\frac{c_t}{c_0}=-k_p t$$

式中　c_0——橙黄Ⅱ的初始浓度，mg/L；

c_t——橙黄Ⅱ光照 t 小时后的浓度，mg/L；

t——光照时间，h；

k_p——光褪色反应速率常数，h^{-1}。

因此，以 $\ln\frac{c_t}{c_0}$ 对 t 作图，为一条直线。用 Excel 软件（或者 Origin 软件）进行线性拟合，可求出 $\ln\frac{c_t}{c_0}$-t 的线性回归方程，其斜率为反应速率常数 k_p。

可由下式计算橙黄Ⅱ在水溶液中的光降解半衰期 $t_{1/2}$。

$$t_{1/2}=\frac{\ln 2}{k_p}$$

将光降解实验结果填入表 3-21，作橙黄Ⅱ的 $\ln\frac{c_t}{c_0}$-t 光降解动力学关系图，求出 k_p 与 $t_{1/2}$。

表 3-21　橙黄Ⅱ的光降解

时间 t/h	0	1/6	1/3	1/2	2/3	5/6	1
吸光度（$A-A_0$）							
橙黄Ⅱ浓度 c_t/mg·L^{-1}							
$\ln\frac{c_t}{c_0}$							

$\ln\frac{c_t}{c_0}-t$ 关系式：____________________

相关系数：____________________

k_p=____________________

$t_{1/2}$=____________________

（七）问题与讨论

（1）影响光化学反应速率的主要因素是什么？

（2）你的实验结果（k_p、$t_{1/2}$）与其他同学的实验结果是否相同？如果不同，请分析原因。

（八）注意事项

（1）配制的橙黄Ⅱ水溶液须避光保存。

（2）光解溶液需调节至合适的 pH，否则会影响光解实验。

（3）标准系列溶液可以根据光解实验溶液的浓度进行调整，以保证光解溶液准确定量。

第四章
土壤环境化学实验

土壤是自然环境的重要组成部分。土壤圈是地球自然环境的五大圈层之一（大气圈、水圈、土壤圈、岩石圈与生物圈），是处于岩石圈最外层的疏松部分，支持植物和微生物生长繁殖。土壤是一个由固-液-气三相构成的多介质体系，是农业生产的基础，提供人类生活所需的自然资源，同时还是环境污染物迁移、转化的重要场所，对污染物具有重要的净化作用。

第一节　基础与认识

一、土壤阳离子交换量的测定

土壤胶体是土壤中黏土矿物和腐殖酸以及相互结合形成的复杂有机矿物质复合体系，是土壤中最活跃的组分之一。它有巨大的比表面积和带电性，使土壤具有吸附性。土壤胶体吸附的阳离子可以与土壤溶液中的阳离子进行交换，交换反应如下：

$$\boxed{土壤胶体 \mid A^+} + B^+ \longrightarrow \boxed{土壤胶体 \mid B^+} + A^+$$

土壤阳离子交换以离子价为依据进行等价交换并受质量作用定律支配。各种阳离子交换能力的强弱取决于离子的电荷数、离子半径及水化程度。离子电荷数越高，阳离子交换能力越强；对于同价离子，离子半径越大，水化离子半径就越小，因而交换能力越强。土壤中常见阳离子的交换能力强弱顺序如下：

$$F^{3+}>Al^{3+}>H^+>Ba^{2+}>Sr^{2+}>Ca^{2+}>Mg^{2+}>Cs^+>Rb^+>NH_4^+>K^+>Na^+>Li^+$$

每千克干土中所含全部阳离子总量，称为阳离子交换量（CEC），单位为 cmol/kg。土壤的可交换性阳离子有两类：一类是致酸离子，包括 H^+和 Al^{3+}；另一类是盐基离子，包括 Ca^{2+}、Mg^{2+}、K^+、Na^+和 NH_4^+等。阳离子交换量是土壤缓冲性能的主要来源，也常常被作为评价土壤保肥能力的指标，还是改良土壤和合理施肥以及土壤分类的主要依据。因此，阳离子交换量是反应土壤性质的一个重要指标。

影响土壤阳离子交换的主要因素包括：

（1）土壤胶体类型：一般来说，有机胶体>蒙脱石>水化云母>高岭石>含水氧化铁、铝；

(2）土壤质地：质地越细，其阳离子交换量越高；

(3）土壤黏矿物的 SiO_2/R_2O_3 比：比值越大，其交换量越大；

(4）土壤 pH：pH 下降，阳离子交换量降低。

因此，不同土壤的阳离子交换量有一定差异。下面通过氯化钡-硫酸交换法测定不同部位土壤的阳离子交换量。

（一）实验目的

(1）理解土壤阳离子交换量及其影响因素。

(2）掌握氯化钡-硫酸交换法测定土壤阳离子交换量的原理和方法。

(3）认识不同土壤类型阳离子交换量的差异性。

（二）实验原理

氯化钡水溶液中的钡离子与土壤中存在的多种阳离子可以进行等价交换。用过量的 $BaCl_2$ 溶液处理土壤，使吸附在土壤胶体表面的阳离子被定量地交换下来，交换的终点是 Ba^{2+}饱和。用蒸馏水洗去多余的 Ba^{2+}，然后用一定体积的 0.1 mol/L 硫酸溶液与土壤作用，使交换性 Ba^{2+}被 H^+置换下来，并与溶液中的 SO_4^{2-} 形成 $BaSO_4$ 沉淀。H^+具有很强的交换吸附能力，一定量的硫酸使交换反应趋于完全。溶液中 H^+浓度的降低量与交换性 Ba^{2+}的量或阳离子交换量成定量关系。因此通过测定交换反应前后 H_2SO_4 含量的变化，计算出消耗 H_2SO_4 的量，从而计算出阳离子交换量。反应过程如下所示：

$$\boxed{\begin{matrix}\text{土}\\ \\ \text{壤}\end{matrix}}\begin{matrix}Ca^{2+}\\Mg^{2+}\\Al^{3+}\\Na^{+}\\K^{+}\\H^{+}\end{matrix} + BaCl_2 \longrightarrow \boxed{\begin{matrix}\text{土}\\ \\ \text{壤}\end{matrix}}\begin{matrix}Ba^{2+}\\Ba^{2+}\\Ba^{2+}\\Ba^{2+}\\Ba^{2+}\\Ba^{2+}\end{matrix} + \begin{matrix}CaCl_2\\MgCl_2\\AlCl_3\\NaCl\\KCl\\HCl\end{matrix}$$

$$\boxed{\begin{matrix}\text{土}\\ \\ \text{壤}\end{matrix}}\begin{matrix}Ba^{2+}\\Ba^{2+}\\Ba^{2+}\\Ba^{2+}\\Ba^{2+}\\Ba^{2+}\end{matrix} + H_2SO_4 \longrightarrow \boxed{\begin{matrix}\text{土}\\ \\ \text{壤}\end{matrix}}\begin{matrix}H^{+}\\H^{+}\\H^{+}\\H^{+}\\H^{+}\\H^{+}\end{matrix} + BaSO_4\downarrow$$

（三）仪　器

(1）分析天平。

(2）离心机。

（3）塑料离心管：100 mL。
（4）锥形瓶：100 mL。
（5）量筒：25 mL。
（6）移液管：10 mL、25 mL。

（四）试　剂

1. $BaCl_2$ 溶液（1.0 mol/L）

称取 60 g 氯化钡（$BaCl_2 \cdot 2H_2O$）于烧杯中，溶解，转移至 500 mL 容量瓶，用蒸馏水定容。

2. 硫酸溶液（0.1 mol/L）

取一个大烧杯，预先装入部分蒸馏水，移取 5.36 mL 浓硫酸，用玻璃棒引流，缓缓倒入烧杯中，边倒边搅拌，倒完冷却片刻，待溶液温度恢复至室温，移入 1000 mL 容量瓶中，用蒸馏水稀释至标线。

3. 酚酞指示剂（0.1%）

称取 0.1 g 酚酞溶于 100 mL 95%的乙醇中。

4. 氢氧化钠标准溶液（0.1 mol/L）

称取 2 g 氢氧化钠溶于 500 mL 煮沸并冷却的蒸馏水中，转入塑料试剂瓶中保存，临用前按以下方法标定其浓度。

用分析天平准确称取一定量的邻苯二甲酸氢钾（预先在烘箱中 105 ~ 110 °C 下烘干）于 250 mL 锥形瓶中，加 100 mL 煮沸并冷却的蒸馏水溶解，滴加 4 滴酚酞指示剂，用配制好的 NaOH 溶液滴定至淡红色，保持 30 s，记录 NaOH 溶液消耗的体积。再用煮沸并冷却的蒸馏水做空白试验，从滴定邻苯二甲酸氢钾的 NaOH 溶液的体积中扣除空白值。

按以下公式计算 NaOH 溶液的浓度。

$$c(\mathrm{NaOH})(\mathrm{mol/L}) = \frac{W \times 1000}{(V_1 - V_0) \times 204.23}$$

式中　W——邻苯二甲酸氢钾的质量，g；
V_1——滴定邻苯二甲酸氢钾消耗的 NaOH 体积，mL；
V_0——滴定空白溶液消耗的 NaOH 体积，mL；
204.23——邻苯二甲酸氢钾的摩尔质量，g/mol。

（五）实验步骤

1. 采　样

选择有代表性的土壤，在同一剖面上分别取表层土（10 ~ 20 cm）和深层土（100 ~

120 cm）各约 1 kg，装入采样袋内，运回实验室。

2. 样品预处理

将采回的土壤样品放在塑料布上，平摊开，剔除植物残体、石块等杂质，置于室内通风处阴干，避免污染，风干过程中翻动并将大土块捏碎以加速干燥。

将风干后的样品平铺在制样板上，用木棍将土壤压碎，过孔径为 0.5 mm/0.25 mm 的筛子，充分混匀后装入样品瓶中备用。

3. 测　定

（1）取 4 个洗净、烘干、质量相近的 100 mL 塑料离心管，在分析天平上称出其质量 W（称准至 0.0001 g）。向其中 2 个加入 1 g 左右表层土样品，另外 2 个加入 1 g 左右深层土样品，做好记号。

（2）向各管加入 2 mL $BaCl_2$ 溶液，用橡皮头玻璃棒搅拌 3 ~ 5 min，使其反应充分，再用少量蒸馏水将橡皮头玻璃棒上的样品冲洗到离心管中。在离心机上，以 3000 r/min 的转速离心 10 min，至上层溶液澄清，下层土紧密结实为止。倒出上层溶液，再向各管加入 2 mL $BaCl_2$ 溶液，重复上述操作，直至上层溶液中无氯离子（用硝酸银溶液检验）。

（3）向离心管加 20 mL 蒸馏水，用橡皮头玻璃棒搅拌 3 ~ 5 min，然后离心沉降，倒掉上清液后，用滤纸擦干离心管外壁，在天平上称出整个离心管质量 G（g）。

（4）移取 25.00 mL 硫酸溶液（0.1 mol/L，浓度需标定）至离心管，搅拌 10 min 后放置 20 min，待土壤充分分散，离心沉降。离心后，把上清液分别转入干燥的试管中，再从中移取 10.00 mL 溶液到各锥形瓶中。

（5）向各锥形瓶加入 10.00 mL 蒸馏水和 2 ~ 3 滴酚酞指示剂，用 NaOH 标准溶液滴定至终点，记下各样品消耗的标准溶液的体积 V（mL）。

（6）空白试验：移取 10.00 mL 硫酸溶液（0.1 mol/L，浓度需标定）两份，同步骤（5）操作，记下终点消耗的 NaOH 标准溶液的体积 V_0（mL）。

（六）数据记录及处理

1. NaOH 标准溶液的标定

NaOH 标准溶液的标定数据填入表 4-1。

表 4-1　NaOH 标准溶液的标定

项目	空白 1	空白 2	试样 1	试样 2	试样 3
邻苯二甲酸氢钾质量/g	—	—			
NaOH 体积/mL					
NaOH 平均体积/mL					
NaOH 标准溶液浓度/mol · L^{-1}					

2. 阳离子交换实验

（1）土壤阳离子交换实验数据及计算结果填入表 4-2。

表 4-2　土壤阳离子交换量测定实验

土壤	表层土		深层土	
	1	2	1	2
干土质量/g				
W/g				
G/g				
m/g				
V/mL				

表中，W——离心管质量，g；

G——交换后离心管+土样的质量（含水），g；

m——加 H_2SO_4 溶液前土壤的含水量 g，$m=G-W-$干土质量；

V——滴定土壤样品消耗 NaOH 标准溶液的体积，mL。

（2）空白实验数据填入表 4-3。

表 4-3　土壤阳离子交换量测定空白试验

试样	1	2
V_0/mL		
$\overline{V_0}$ /mL		

表中，V_0——滴定 0.1 mol/L 硫酸消耗 NaOH 标准溶液的体积，mL。

（3）土壤阳离子交换量按下式计算，计算结果填入表 4-4。

$$\text{交换量（cmol/kg）}=\frac{\left(V_0\times 2.5-V\times\dfrac{25+m}{10}\right)\times c}{\text{干土质量}}$$

式中　c——氢氧化钠标准溶液的浓度，mol/L。

表 4-4　土壤的阳离子交换量

土壤	表层土		深层土	
	1	2	1	2
交换量/cmol · kg^{-1}				
平均交换量/cmol · kg^{-1}				

（七）问题与讨论

（1）表层土壤和深层土壤的组成有何不同？对其 CEC 的大小是否有影响，有怎样的影响？

（2）表层土与深层土壤中的阳离子交换量是否有差异？如果有差异，存在这种差异的原因是什么？

（八）注意事项

（1）实验中每次进行离心时，离心管应对称放置，而且处于对称位置的离心管质量应基本相同，以保持平衡。

（2）土壤阳离子交换量的测定方法较多，常用的有氯化钡-硫酸交换法、乙酸铵交换法、氯化铵-乙酸铵交换法、乙酸钠-火焰光度法、同位素示踪法等。不同质地的土壤（主要是酸碱性不同）适用的测定方法不同，应根据具体情况选用。不同方法测得的CEC值会不同，因此在表述阳离子交换量数据时须注明测定方法。

二、土壤对铜的吸附作用

土壤胶体因其巨大的比表面积和带电性，具有吸附性能。土壤中的重金属污染物因被吸附而固定下来，减少对环境的污染与危害，使土壤具有一定的自净能力和环境容量。但是过量的重金属进入土壤，不能被微生物分解，在土壤中不断累积，会造成土壤污染。当过量的重金属被植物吸收后，植物的正常生长、发育和繁衍将受到限制，甚至改变植物的群落结构。重金属在植物体内富集后通过食物链进入人体，进一步危害人类健康。

铜作为重金属之一，是植物生长必需的微量元素，但当土壤含铜量大于50 μg/g时，柑橘幼苗生长就受到阻碍；含铜量达到200 μg/g时，小麦会枯死；含铜量为250 μg/g时，水稻也会枯死。

土壤中铜的含量一般在2～100 mg/kg，平均含量为20 mg/kg。进入土壤中的铜被土壤的黏土矿物吸附，同时，表层土壤的有机质与铜结合形成螯合物，使铜离子不易向下层移动。因此，污染土壤中的铜主要在表层积累，沿土壤纵深垂直递减。但是，在酸性土壤中，土壤对铜的吸附能力减弱，被土壤固定的铜易解吸出来，发生淋溶迁移。

土壤的铜污染主要来自铜矿开采与冶炼、含铜农药、城市污水等。含铜废水进入土壤后，土壤对铜的吸附能力大小影响铜在土壤中的迁移、转化，决定着土壤中铜的分布。因此，研究土壤对铜的吸附作用及其影响因素具有重要的意义。

（一）实验目的

（1）了解土壤对铜的吸附作用及其影响因素。

（2）掌握火焰原子吸收分光光度法测定土壤中铜离子的原理和方法。

（3）掌握建立吸附等温式的方法。

（二）实验原理

土壤对重金属铜的吸附受土壤类型、土壤组成、土壤pH、土壤环境条件等多种因素的影响，其中影响比较大的是土壤组成和 pH。因此，本实验通过向土壤添加一定量的腐殖质改变土壤组成，调节被吸附铜溶液的 pH 改变 pH 条件，分别测定上述两种因素对土壤吸附铜的影响。

在固定温度下，当吸附达到平衡时，土壤对重金属吸附量与溶液中重金属平衡浓度之间的关系，可用吸附等温式来表达。常用的吸附等温式有 Langmuir 吸附等温式和 Freundlich 吸附等温式。土壤对铜的吸附可采用 Freundlich 吸附等温式描述，即

$$Q = Kc^{1/n}$$

式中 Q——土壤对铜的吸附量，mg/g；

c——吸附达到平衡时溶液中铜的浓度，mg/L；

K，n——经验常数，其数值与离子种类、吸附剂性质及温度等有关。

对 Freundlich 吸附等温式两边取对数，得

$$\lg Q=\lg K+\frac{1}{n}\lg c$$

以 $\lg Q$ 对 $\lg K$ 作线性回归，可以求得常数 K 和 n。将 K 和 n 代入 Freundlich 吸附等温式，便可确定该条件下吸附量 Q 和平衡浓度 c 之间的函数关系。

（三）仪　器

（1）分析天平。

（2）火焰原子吸收分光光度计。

（3）恒温振荡器。

（4）离心机。

（5）pH 计。

（6）容量瓶：50 mL、250 mL、500 mL。

（7）塑料离心管：100 mL。

（8）移液管：1 mL、5 mL、10 mL、20 mL、25 mL；

（9）尼龙筛：100 目。

（四）试　剂

（1）HCl 溶液（1.0 mol/L）。

（2）NaOH 溶液（1.0 mol/L）。

（3）腐殖酸（生化试剂）。

（4）铜标准溶液（1000 mg/L）。

（5）铜标准使用液（50 mg/L）。

移取 25 mL 1000 mg/L 铜标准溶液于 500 mL 容量瓶中，加去离子水定容至标线。

（6）$CaCl_2$ 溶液（0.01 mol/L）：称取 1.5 g $CaCl_2 \cdot 2H_2O$，溶于 1000 mL 超纯水中。

（7）1 号土壤样品。

将采集的土壤样品经风干、磨碎，过 100 目筛后装瓶，作为 1 号土壤样品，备用。

（8）2 号土壤样品。

取 1 号土壤样品 300 g，加入腐殖质 30 g，磨碎，过 100 目筛后用作 2 号土壤样品。

（五）实验步骤

1. 不同初始浓度含铜系列溶液的配制

（1）pH=2.5 的含铜系列溶液。

分别移取 0.00 mL、10.00 mL、15.00 mL、20.00 mL、25.00 mL、30.00 mL 的铜标准溶液（1000 mg/L）于 250 mL 烧杯，加 0.01 mol/L $CaCl_2$ 溶液稀释至 240 mL，先用 1 mol/L HCl 溶液调 pH = 2，再以 1 mol/L NaOH 溶液调 pH = 2.5。将此溶液转入 250 mL 容量瓶，用 0.01 mol/L $CaCl_2$ 溶液定容。该系列溶液浓度为 0.00 mg/L、40.00 mg/L、60.00 mg/L、80.00 mg/L、100.00 mg/L、120.00 mg/L。

（2）pH=5.5 的含铜系列溶液。

用上述方法，配制 pH=5.5 的含铜系列溶液。

2. 标准曲线的绘制

分别移取 50 mg/L 铜标准使用液 0.00 mL、0.50 mL、1.00 mL、2.00 mL、4.00 mL、6.00 mL、8.00 mL、10.00 mL 于 50 mL 容量瓶中，加 2 滴 1.0 mol/L HCl，用去离子水定容，其浓度分别为 0.00 mg/L、0.50 mg/L、1.00 mg/L、2.00 mg/L、4.00 mg/L、6.00 mg/L、8.00 mg/L、10.00 mg/L。用火焰原子吸收分光光度计测吸光度（扣除空白）。根据吸光度与浓度，绘制标准曲线。

3. 土壤对铜吸附平衡时间的测定

（1）用分析天平分别称取 1 号与 2 号土壤样品各 6 份，每份 0.2500 g（精确到 0.0001 g），置于洗净烘干的 100 mL 塑料离心管中。

（2）向每份样品中各加入实验步骤 1 配制的 pH=2.5 的 40.00 mg/L 铜溶液 50.00 mL。

（3）将上述样品置于振荡器上，在室温下进行振荡，分别在 0.5 h、1.0 h、1.5 h、2.0 h、2.5 h、3.0 h 后取出，立即以 3000r/min 的转速离心 10min，取上清液 2.5 mL 于 25 mL 容量瓶中，加 2.5 mL 1 mol/L HNO_3 溶液，用去离子水定容后，用火焰原子吸收分光光度计测吸光度，用标准曲线定量，得到不同吸附时间条件下溶液中铜的浓度 c，以浓度 c 对吸附时间 t 作图，确定达到吸附平衡所需的时间。

（4）按步骤（1）到（3）确定溶液 p H=5.5 时的平衡时间。

4. 土壤对铜的吸附量的测定

（1）用分析天平分别称取 1 号和 2 号土壤样品各 12 份，每份 0.2500 g（精确到 0.0001 g），置于洗净烘干的 100 mL 塑料离心管中。

（2）依次加入 50.00 mL pH 为 2.5 和 5.5、浓度梯度为 0.00 mg/L、40.00 mg/L、60.00 mg/L、80.00 mg/L、100.00 mg/L、120.00 mg/L 的铜溶液，置于振荡器上，在室温下按预先确定的平衡时间振荡。

（3）将离心管置于离心机上，以 3000 r/ min 的转速离心 10 min，取上清液，用火焰原子吸收分光光度计测定吸附平衡后各试样的浓度 c。

（六）数据记录与处理

1. 绘制标准曲线

根据标准系列溶液浓度与吸光度绘制标准曲线。将测试结果填入表 4-5。

表 4-5　标准曲线的绘制

浓度/mg·L^{-1}	0.00	0.50	1.00	2.00	4.00	6.00	8.00	10.00
吸光度（$A-A_0$）								

回归方程：________________

相关系数：________________

2. 确定吸附平衡时间

将确定吸附平衡时间的实验数据填入表 4-6。

表 4-6　吸附平衡时间的确定

pH	平衡时间 t/h	0.5	1.0	1.5	2.0	2.5	3.0
2.5	c_1/mg·L^{-1}						
	c_2/mg·L^{-1}						
5.5	c_1/mg·L^{-1}						
	c_2/mg·L^{-1}						

根据表 4-6，用浓度 c 对时间 t 作图。

由 c-t 图确定达到吸附平衡所需的时间为________h。

3. 吸附平衡结果及计算

（1）计算土壤对铜的吸附量。

$$Q=\frac{(c_0-c)\times V}{1000\times W}$$

式中　Q——土壤对铜的吸附量，mg/g；

c_0——溶液中铜的起始浓度，mg/g；

c——溶液中铜的平衡浓度，mg/g；

V——溶液的体积，mL；

W——风干土样的质量，g。

本实验中，V=50 mL。

（2）土壤对铜的吸附等温线。

以吸附量（Q）对浓度（c）作图，得室温下不同 pH 条件下土壤对铜的吸附等温线。

（3）土壤对铜吸附的 Freundlich 方程。

用 Excel 或 Origin 软件，以 lg$Q$ 对 lg$c$ 作图，并进行线性拟合，确定直线的斜率（lg$k$）和截距（1/n），从而求出 k 和 n。

将实验数据及计算结果填入表 4-7 与表 4-8。

表 4-7　pH=2.5 时土壤对铜的吸附

土壤	项目	编号							结果
		#1	#2	#3	#4	#5	#6	#7	
1 号样品	W/g								n=
	c_0/mg·L^{-1}								k=
	c/mg·L^{-1}								
	Q/mg·g^{-1}								
	lg$c$								
	lg$Q$								
2 号样品	W/g								n=
	c_0/mg·L^{-1}								k=
	c/mg·L^{-1}								
	Q/mg·g^{-1}								
	lg$c$								
	lg$Q$								

表 4-8　pH=5.5 时土壤对铜的吸附

土壤	项目	编号							结果
		#1	#2	#3	#4	#5	#6	#7	
1 号样品	W/g								n=
	c_0/mg·L^{-1}								k=
	c/mg·L^{-1}								
	Q/mg·g^{-1}								
	lg$c$								
	lg$Q$								
2 号样品	W/g								n=
	c_0/mg·L^{-1}								k=
	c/mg·L^{-1}								
	Q/mg·g^{-1}								
	lg$c$								
	lg$Q$								

（七）问题与讨论

（1）影响土壤对重金属铜吸附的因素有哪些？

（2）从实验结果看，pH 和有机质对土壤吸附铜有何影响？为什么？

（3）Freundlic h 方程中的常数 K 和 n 有何物理意义？土壤的吸附能力随这两个常数发生怎样的变化？

（八）注意事项

（1）实验中铜的测定采用火焰原子分光光度法，实验前需复习有关操作。

（2）实验需要根据实际情况对样品进行不同程度稀释，以保证在标准曲线定量的可靠范围内。

（3）定量计算时，应先根据稀释后的样品溶液吸光度在标准曲线上定量，得到稀释溶液浓度，再乘以稀释倍数，得到样品的原始浓度。

（4）实验得到的吸附量为表观吸附量，包括铜在土壤表面上的吸附（静电作用、离子交换作用）、配合（铜离子与土壤中无机配体以及有机配体等的配合）以及沉淀。

三、土壤有机碳的测定

土壤有机碳是指以各种形态存在于土壤中的所有含碳有机物质，包括土壤中各种动、植物残体，微生物体及其分解与合成的各种有机物质。土壤有机碳是土壤养分的储藏库，深刻地影响着土壤的物理、化学和生物性质。土壤有机碳是土壤极其重要的组成部分，不仅与土壤肥力密切相关，而且是陆地碳库的主要组成部分，在陆地碳循环中具有重要作用。因此，认识和了解土壤有机碳是研究陆地生态系统碳循环的重要基础。通过实验测定土壤中有机碳的含量，有助于分析土壤有机碳储量及其空间分布特征，对土壤碳循环的研究具有重要意义。

（一）实验目的

（1）了解土壤有机碳的环境意义及其影响因素。

（2）掌握重铬酸钾容量法测定土壤有机碳的原理和方法。

（二）实验原理

利用将浓硫酸加入重铬酸钾水溶液中产生的热量（稀释热），重铬酸钾将土壤有机质中的有机碳氧化，使部分六价格（Cr^{6+}）还原成绿色的三价铬（Cr^{3+}），用比色法测定被还原的三价铬，以葡萄糖碳作为模拟色阶，计算有机碳含量。

在外加热的条件下（油浴温度为 180 °C，沸腾 5 min），用一定浓度的重铬酸钾-硫酸溶液氧化土壤有机质（碳），剩余的重铬酸钾用硫酸亚铁进行滴定，根据所消耗的重铬酸钾的量，可以计算出土壤有机碳的含量。

本方法测得的结果，只能氧化 90%的有机碳，因此需要将得到的有机碳含量乘以校正系数，以计算实际的有机碳含量。在滴定过程中的化学反应如下：

$$2K_2Cr_2O_7 + 8H_2SO_4 + 3C \longrightarrow 2K_2SO_4 + 2Cr_2(SO_4)_3 + 3CO_2 + 8H_2O$$

$$K_2Cr_2O_7 + 6FeSO_4 \longrightarrow K_2SO_4 + Cr^{2+}(SO_4)_3 + 3Fe_2(SO_4)_3 + 7H_2O$$

在 1 mol/L H_2SO_4 溶液中用 Fe^{2+}滴定 $Cr_2O_7^{2-}$ 时，其滴定曲线的突跃范围为 1.22 ~ 0.85 V。

（三）仪　器

（1）油浴锅。

（2）分析天平。

（3）分光光度计。

（4）容量瓶：100 mL、1000 mL。

（四）试　剂

1. 重铬酸钾溶液[$c(1/6K_2Cr_2O_7)$=0.008 mol/L]

准确称取经过 130 °C 烘干的重铬酸钾（$K_2Cr_2O_7$，分析纯）39.2245 g，加 400 mL 水，加热溶解，冷却后用蒸馏水定容至 1000 mL 容量瓶中。

2. 硫酸（H_2SO_4，ρ=1.84 g/cm^3）

分析纯。

3. $FeSO_4$ 溶液（0.2 mol/L）

称取硫酸亚铁（$FeSO_4 \cdot 7H_2O$，分析纯）56.0 g 溶于水中，加浓硫酸 5 mL，稀释至 1 L。

4. 邻啡罗啉指示剂

称取邻啡罗啉（分析纯）1.485 g 与 $FeSO_4 \cdot 7H_2O$ 0.695 g，溶于 100 mL 水中。

5. 2-羧基代二苯胺（又名邻苯氨基苯甲酸，$C_{13}H_{11}O_2N$）指示剂

称取 0.25 g 试剂于小研钵中研细，然后倒入 100 mL 小烧杯中，并用少量水将研钵中残留的试剂冲洗入 100 mL 小烧杯中，加入 0.18 mol/L NaOH 溶液 12 mL，将烧杯放在水浴上加热使其溶解，冷却后稀释定容至 250 mL，放置澄清或过滤，用其清液。

6. Ag_2SO_4

硫酸银（Ag_2SO_4，分析纯），研成粉末。

7. SiO_2

二氧化硅（SiO_2，分析纯），粉末状。

（五）实验步骤

1. 采　样

选择有代表性的土壤样地，在样地上取表层土壤（2 ~ 20 cm）和亚表层土（20 ~ 40 cm）各约 1 kg，装入采样袋内，运回实验室。

2. 样品预处理

将采回的土壤样品放在塑料布上，平摊开，剔除植物根系、动物残体、砾石等杂质，置于室内通风处自然风干，避免污染。风干过程中需翻动并将大土块捏碎以加速干燥。将风干后的样品平铺在制样板上，用木棍将土壤压碎，过孔径为 0.25 mm 的筛子，充分混匀后装入样品瓶中，备用。

3. 测　定

（1）称取通过 0.149 mm（100 目）筛孔的风干土样 0.1 ~ 1 g（精确到 0.0001 g），放入干燥的硬质试管中，用移液管准确加入 0.8000 mol/L 重铬酸钾（$1/6K_2Cr_2O_7$）标准溶液 5 mL（如果土壤中含有氯化物，需先加入 0.1 g Ag_2SO_4），再用注射器加入 5 mL 浓 H_2SO_4，充分摇匀，管口盖上弯颈小漏斗，以冷凝蒸出的水汽。

（2）将 8 ~ 10 个试管放入自动控温的铝块管座中（试管内的液温控制在约 170 °C）[或将 8 ~ 10 个试管盛于铁丝笼中（每笼中均有 1 ~ 2 个空白试管），放入温度为 185 ~ 190 °C 的石蜡油锅中，要求放入后油浴锅温度下降至 170 ~ 180 °C，以后必须控制电炉，使油浴锅内温度始终维持在 170 ~ 180 °C]，待试管内液体沸腾产生气泡时开始计时，煮沸 5 min，取出试管（用油浴法时，稍冷，擦净试管外部油液）。

（3）冷却后，将试管内容物倾入 250 mL 三角瓶中，用水洗净试管内部及小漏斗。三角瓶内溶液总体积为 60 ~ 70 mL，保持混合液中（$1/2H_2SO_4$）浓度为 2 ~ 3 mol/L，然后加入 2-羧基代二苯胺指示剂 12 ~ 15 滴，此时溶液呈棕红色。用标准的 0.2 mol/L 硫酸亚铁滴定，滴定过程中不断摇动内容物，直至溶液的颜色由棕红色经紫色变为暗绿（灰蓝绿色），即为滴定终点。如用邻啡罗啉指示剂，加指示剂 2 ~ 3 滴，溶液的变色过程中由橙黄→蓝绿→砖红色即为终点。记录消耗 $FeSO_4$ 的体积（V）。

（4）每一批（即上述铁丝笼或铝块中）样品测定的同时，进行 2 ~ 3 个空白试验，即取 0.500 g 粉状二氧化硅代替土样，其他步骤与试样测定相同。记录消耗 $FeSO_4$ 的体积（V_0），取其平均值。

（六）数据记录及处理

土壤有机碳含量计算公式：

$$\text{土壤有机碳}（g \cdot kg^{-1}）=\frac{\frac{c\times 5}{V_0}\times(V_0-V)\times 10^{-3}\times 3.0\times 1.1}{m\times k}\times 1000$$

式中　c ——重铬酸钾（$1/6K_2Cr_2O_7$）标准溶液浓度，mol/L，c=0.8000 mol/L；

5——重铬酸钾标准溶液加入体积，mL；
V_0——空白滴定用去 $FeSO_4$ 溶液的体积，mL；
V——样品滴定用去 $FeSO_4$ 溶液的体积，mL；
3.0——1/4 碳原子的摩尔质量，g/mol；
10^{-3}——将 mL 换算为 L 的系数；
1.1——氧化校正系数；
m——风干土样质量，g；
k——将风干土样换算成烘干土的系数。

（七）问题与讨论

（1）土壤剖面中表层土壤和亚表层土壤有机碳的含量是否存在显著差异，为什么？
（2）影响土壤有机碳的因素主要有哪些？

（八）注意事项

（1）当土壤中有机碳含量不同时，两次平行测定结果允许差不同：土壤有机碳含量小于 4%时为 0.10%；含量在 4%～10%时为 0.40%；含量在 10%以上时为 0.60%。

（2）土壤有机碳的测定方法较多，常用的有高温灼烧法、气相色谱法、重铬酸钾容量法、重铬酸钾氧化法等。不同质地的土壤（主要是酸碱性不同）适用的测定方法不同，应根据具体情况选用。不同方法测得的土壤有机碳也有差异，因此在表述土壤有机碳数据时须注明测定方法。

第二节　探索与创新

一、重金属在土壤-植物体系中的迁移

许多重金属元素是人体必需的微量元素，参与机体组成，担负不同的生理功能，如铁、铜、锌是酶的重要成分，钒、铬、镍、铁、铜、锌等金属元素影响核酸代谢。当这些微量元素在人体中过量或缺乏时都会破坏人体内部的生理平衡，引起疾病，使人体健康受到影响。

土壤中的重金属元素可以被植物吸收，在植物体内累积，进入食物链，当人类摄入过量时，就会危害人体健康。测量蔬菜及土壤中的重金属元素含量，一方面可以评价蔬菜的营养价值，另一方面也可以了解重金属在土壤-植物体系中的迁移转化情况。

（一）实验目的

（1）掌握火焰原子吸收分光光度法测定土壤及蔬菜各部位中 Pb、Zn、Cu、Cd 的含量。

（2）了解土壤环境质量标准，并学会运用标准判断土壤质量状况。

（3）了解土壤-植物体系中重金属的迁移规律。

（二）实验原理

通过消解将土壤样品与蔬菜样品中各种形态的重金属转化为离子态，用火焰原子吸收分光光度法测定含量。

通过分析土壤以及蔬菜样品中的重金属含量，并比较蔬菜各部位重金属含量的差异，可以认识不同重金属元素在土壤-植物体系中的迁移规律。

（三）仪　器

（1）分析天平。

（2）火焰原子吸收分光光度计。

（3）尼龙筛：100 目。

（4）电热板。

（5）移液管：1 mL、5 mL、10 mL。

（6）量筒：100 mL。

（7）烧杯：100 mL。

（8）容量瓶：25 mL、100 mL。

（9）三角烧瓶：100 mL。

（10）小三角漏斗。

（11）表面皿。

（四）试　剂

（1）分析纯硝酸。

（2）分析纯硫酸。

（3）Pb、Zn、Cu、Cd 标准溶液（1000 mg/L）。

（4）Pb、Zn、Cu、Cd 混合标准溶液。

分别移取 Pb 标准溶液 10 mL、Zn 标准溶液 10 mL、Cu 标准溶液 5 mL、Cd 标准溶液 1 mL，置于 100 mL 容量瓶中，用 0.2%硝酸定容到标线，配成混合标准溶液。混合标准溶液中 Pb、Zn、Cu、Cd 的浓度分别为 100 mg/L、100 mg/L、50 mg/L、10 mg/L。

（五）实验步骤

1. 采集样品

按照土壤样品与生物样品采集方法确定采样点，在同一采样点分别采集具有代表性的土壤样品和生物样品。

2. 制备土壤样品

（1）样品预处理。

将采集的土壤置于塑料薄膜上，在阴凉通风处风干，除去砾石、植物等杂物。将风干后的土样用木棒碾碎后，过 100 目筛。用四分法取 20 ~ 30 g 土样，在 105 °C 下烘至恒重。

（2）土壤样品的消解。

准确称取烘干土样 2 份，各 0.5000 g，分别置于烧杯中。加少许去离子水润湿，再加入 1∶1 硫酸 4 mL、浓硝酸 1 mL，盖上表面皿，在电热板上加热至冒白烟。如消解液呈深黄色，取下稍冷，滴加硝酸，再加热至冒白烟，直至土壤变白。取下烧杯，用去离子水冲洗表面皿和烧杯壁。用滤纸将消解液过滤至 25 mL 容量瓶中，用水洗涤残渣 2 ~ 3 次，将清洗液过滤至容量瓶中，用去离子水稀释至标线，摇匀，备用。同时做 1 份空白。

3. 蔬菜样品的制备

（1）蔬菜样品的预处理。

将蔬菜的根、茎、叶、果实分割开，分别烘干、粉碎，研成粉，装入样品瓶，保存在干燥器中。

（2）蔬菜样品的消解。

分别称取蔬菜根、茎、叶、果实各部位样品 1.000 ~ 2.000 g 各 2 份，分别置于 100 mL 三角烧瓶中，加 8 mL 浓硫酸，在电热板上加热（在通风橱中进行，开始低温，逐渐提高温度，但不宜过高，以防样品溅出），消解至红棕色气体减少时，补加硝酸 5 mL，加热至冒白烟且溶液透明为止，过滤至 25 mL 容量瓶中，用水洗涤滤渣 2 ~ 3 次，清洗液过滤至容量瓶中，稀释至标线，摇匀，备用。同时做 1 份空白。

4. 标准曲线的绘制

分别在 6 只 100 mL 容量瓶中加入 0.00 mL、0.50 mL、1.00 mL、3.00 mL、5.00 mL、10.00 mL 混合标准溶液，用 0.2%硝酸定容，得标准系列。此混合标准系列溶液的浓度如表 4-9 所示。测定标准系列的吸光度。用经空白校正的各标准溶液的吸光度对相应的浓度作图，绘制标准曲线。

表 4-9　标准系列的浓度

混合标准使用液体积/mL		0.00	0.50	1.00	3.00	5.00	10.00
重金属元素浓度 /mg · L^{-1}	Pb	0.00	0.50	1.00	3.00	5.00	10.00
	Zn	0.00	0.50	1.00	3.00	5.00	10.00
	Cu	0.00	0.25	0.50	1.50	2.50	5.00
	Cd	0.00	0.05	0.10	0.30	0.50	1.00

5. 测定样品中的 Pb、Zn、Cu、Cd

按照与标准系列相同的步骤测定空白样和试样的吸光度，记录数据。扣除空白后，在标准曲线上查出试样中的重金属浓度。

6. 实验结果

计算土壤及蔬菜中被测重金属元素的含量。

（六）数据记录与处理

1. 标准曲线

将 Pb、Zn、Cu、Cd 标准系列溶液的测试结果分别填入表 4-10 至表 4-13 中，并拟合得回归方程及其相关系数。

表 4-10　Pb 标准曲线

浓度/mg·L^{-1}	0.00	0.50	1.00	3.00	5.00	10.00
吸光度（$A-A_0$）						

回归方程：________________

相关系数：________________

表 4-11　Zn 标准曲线

浓度/mg·L^{-1}	0.00	0.50	1.00	3.00	5.00	10.00
吸光度（$A-A_0$）						

回归方程：________________

相关系数：________________

表 4-12　Cu 标准曲线

浓度/mg·L^{-1}	0.00	0.25	0.50	1.50	2.50	5.00
吸光度（$A-A_0$）						

回归方程：________________

相关系数：________________

表 4-13　Cd 标准曲线

浓度/mg·L^{-1}	0.00	0.05	0.10	0.30	0.50	1.00
吸光度（$A-A_0$）						

回归方程：________________

相关系数：________________

2. 土壤及蔬菜样品中被测元素的含量

根据实验数据，按下式计算土壤与蔬菜样品中被测元素的含量：

$$W=\frac{c\times V}{m}$$

式中 W——被测元素含量，mg/kg；

c——被测试液的浓度，mg/L；

V——试液的体积，mL，本实验中，V=25 mL；

m——样品的实际质量，g。

将实验数据及计算结果填入表 4-14 与表 4-15。

表 4-14 土壤样品中被测元素的含量

样品		1#	2#	平均
	m/g			
Pb	I（$A-A_0$）			—
	c/mg · L^{-1}			—
	W/mg · kg^{-1}			
Zn	I（$A-A_0$）			—
	c/mg · L^{-1}			—
	W/mg · kg^{-1}			
Cu	I（$A-A_0$）			—
	c/mg · L^{-1}			—
	W/mg · kg^{-1}			
Cd	I（$A-A_0$）			—
	c/mg · L^{-1}			—
	W/mg · kg^{-1}			

表 4-15 蔬菜样品中被测元素的含量

	部位	根			茎			叶			果实		
	样品	1#	2#	平均	1#	2#	平均	1#	2#	平均	1#	2#	平均
	m/g												
Pb	I（$A-A_0$）			—			—			—			—
	c/mg · L^{-1}			—			—			—			—
	W/mg · kg^{-1}												
Zn	I（$A-A_0$）			—			—			—			—
	c/mg · L^{-1}												
	W/mg · kg^{-1}												

续表

部位		根			茎			叶			果实		
样品		1#	2#	平均	1#	2#	平均	1#	2#	平均	1#	2#	平均
	$I(A-A_0)$			—			—			—			—
Cu	c/mg·L^{-1}			—			—			—			—
	W/mg·kg^{-1}												
	$I(A-A_0)$			—			—			—			—
Cd	c/mg·L^{-1}			—			—			—			—
	W/mg·kg^{-1}												

（七）问题与讨论

（1）4 种重金属元素在土壤和蔬菜中的含量有何不同？它们在土壤-植物体系中的分布有何特点？

（2）4 种重金属元素在蔬菜的根、茎、叶、果实中的分布有何不同？这一差异说明了什么问题？

（八）注意事项

（1）土壤及蔬菜样品中重金属含量各不相同，应结合仪器的灵敏度和测量范围，对试液稀释后再测定。

（2）如试液稀释后测定，在定量计算时，应先根据稀释后的样品溶液吸光度在标准曲线上定量，得到稀释溶液浓度，再乘以稀释倍数，得到样品的原始浓度。

二、铅锌尾矿砂的淋溶实验

矿石经粉碎和浮选精矿、中矿后余下的微粒状固体废弃物称为尾矿。全球工业固体废物中以尾矿数量最大。大量的尾矿通常堆存于露天，不仅占用土地资源，而且经过风化、雨水淋溶，特别是酸雨淋溶，各种有害成分发生迁移，对土壤、地下水和地表水造成污染，带来环境风险。重金属的淋溶程度取决于其与矿砂胶体的结合形态、淋溶水的 pH、淋溶速率、淋溶时间等因素。

（一）实验目的

（1）掌握淋溶装置的设计与搭建。

（2）了解尾矿砂中铅、锌元素在淋溶过程中的迁移规律。

（3）了解不同条件下的淋溶对尾矿砂中铅、锌释放的影响。

（二）实验原理

以铅锌尾矿砂中的铅、锌元素为研究对象，模拟降水对尾矿砂中重金属迁移的影响。淋溶程度取决于其与矿砂胶体的结合形态、淋溶水的 pH、淋溶速率、淋溶时间等因素。我国西南地区酸雨问题突出，实验主要考查酸雨对尾矿砂重金属淋溶过程的影响。以 pH 为 7 的去离子水模拟中性降水，以 pH 为 5.6 的酸性溶液模拟酸雨，进行对比实验。

（三）仪　器

（1）火焰原子吸收分光光度计。
（2）淋溶装置。
（3）尼龙筛：100 目。
（4）pH 计。
（5）容量瓶。
（6）移液管。
（7）漏斗。
（8）烧杯。
（9）量筒。
（10）注射器。
（11）针孔滤膜：0.45 μm。

（四）试　剂

（1）分析纯硝酸。
（2）铅、锌标准溶液：1000 mg/L。
（3）铅、锌标准使用液：10 mg/L。

分别移取 1 mL 铅、锌标准溶液于 100 mL 容量瓶中，滴加 1 滴浓硝酸，加入去离子水，定容至标线。

（五）实验步骤

1. 采　样

随机采集试验样品 1 kg，装入塑料袋中，运回实验室。

2. 样品预处理

将试验样品在室内自然风干，磨碎，过 100 目尼龙筛，置于广口瓶中，备用。

3. 搭建淋溶装置

按图 4-1 所示搭建淋溶装置，装淋溶柱的是长 40 cm、直径 10 cm 的有机玻璃管，管的底部用尼龙网包扎，盖上两层滤纸。

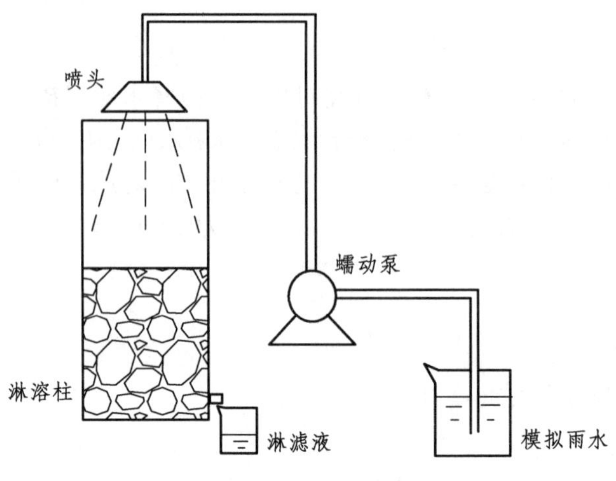

图 4-1 淋溶装置

4. 装样与模拟降水

将过筛后的样品装入有机玻璃管。装样后，形成直径为 10 cm、高为 20 cm 的淋溶柱，上面铺一层玻璃纤维，以防喷溅。先对淋溶柱饱和，再采用间歇淋溶的方式模拟降水。分别用 pH=7 的去离子水和 pH=5.6 的酸性溶液进行淋溶。每隔 24 h 淋溶一次，每次淋溶量为 50 mL，共淋溶 5 d。

5. 取 样

每天取一次样品溶液，共取 5 次。

6. 制 样

样品溶液用滤纸过滤后，再过 0.45 μm 针孔滤膜，得待测溶液，测量待测溶液的体积。

7. 绘制标准曲线

分别移取 0.00 mL、0.10 mL、0.20 mL、0.50 mL、1.00 mL、1.50 mL、2.00 mL 铅标准使用液于 50 mL 容量瓶，滴加 1 滴浓硝酸，加去离子水，定容。配制成浓度分别为 0.00 mg/L、0.02 mg/L、0.04 mg/L、0.10 mg/L、0.20 mg/L、0.30 mg/L、0.40 mg/L 标准系列溶液。用火焰原子吸收分光光度计测吸光度，用校正后的吸光度绘制标准曲线。

分别移取 0.00 mL、2.00 mL、4.00 mL、8.00 mL、10.00 mL、20.00 mL、50.00 mL 锌标准使用液于 50 mL 容量瓶，滴加 1 滴浓硝酸，加去离子水，定容至标线。配制成浓度分别为 0.00 mg/L、0.40 mg/L、0.80 mg/L、1.6 mg/L、2.00 mg/L、4.00 mg/L、10.00 mg/L 标准系列溶液。用火焰原子吸收分光光度计测吸光度，用校正后的吸光度绘制标准曲线。

8. 测 样

用火焰原子吸收分光光度法测定待测溶液的吸光度，根据吸光度在标准曲线上对应待测溶液的浓度进行定量，获得淋出溶液中重金属元素的含量。

9. 绘制尾矿砂的铅、锌释放曲线

以时间 t 为横坐标，淋出溶液的浓度为纵坐标，在同一坐标系下绘制不同 pH 淋溶液的重金属释放曲线。

（六）数据记录与处理

1. 绘制标准曲线

将实验测得的标准系列溶液的吸光度填入表 4-16 与表 4-17，并绘制标准曲线，得线性回归方程及其相关系数。

表 4-16　Pb 标准曲线的绘制

浓度/mg · L^{-1}	0.00	0.02	0.04	0.10	0.20	0.30	0.40
吸光度（$A-A_0$）							

回归方程：__________________

相关系数：__________________

表 4-17　Zn 标准曲线的绘制

浓度/mg · L^{-1}	0.00	0.40	0.80	1.60	2.00	4.00	10.00
吸光度（$A-A_0$）							

回归方程：__________________

相关系数：__________________

2. 重金属元素铅、锌的释放过程

将测得的待测溶液的吸光度填入表 4-18。将吸光度代入标准曲线方程计算出的浓度填入表 4-19，并以时间 t 为横坐标，浓度 c 为纵坐标，在同一坐标系下绘制释放曲线。

表 4-18　待测溶液的吸光度（$A-A_0$）

pH	元素	淋溶时间/h				
		24	48	72	96	120
7	Pb					
	Zn					
5.6	Pb					
	Zn					

表 4-19　释放过程中重金属元素 Pb、Zn 的浓度（mg/L）

pH	元素	淋溶时间/h				
		24	48	72	96	120
7	Pb					
	Zn					
5.6	Pb					
	Zn					

（七）问题与讨论

（1）淋溶液的 pH 对重金属淋出速率有什么影响？
（2）铅、锌离子各具有什么淋出特点？为什么？

（八）注意事项

（1）测量待测溶液浓度前，需根据样品的实际情况，结合仪器的灵敏度和测量范围，确定待测溶液是否稀释，如待测溶液浓度过高，需稀释后再测定。

（2）如试液稀释后测定，在定量计算时，应先根据稀释后的样品溶液吸光度在标准曲线上定量，得到稀释溶液浓度，再乘以稀释倍数，得到样品的原始浓度。

三、土壤有机碳储量的测定

土壤有机碳库（SOC）是地球表层系统中最大的碳库之一。由于土壤有机碳库的巨大储量及其较活跃的化学性质，其微小的变化就会影响大气 CO_2 浓度的波动。土壤中的有机碳库相比于无机碳库更加活跃且总量更大。研究表明，全球土壤有机碳总量为 $1.15\times10^{18}\sim2.00\times10^{18}$ g，约占陆地生态系统碳储量的 2/3。土壤有机碳在空间上具有高度的变异性，对其进行精确评估对于土壤肥力评价及土壤合理利用、全球碳汇及气候变化研究具有重要意义。

（一）实验目的

（1）理解土壤有机碳储量测定的原理和方法。
（2）掌握土壤有机碳储量的计算方法及其环境学意义。
（3）了解土壤有机碳密度在土壤剖面中的分布情况。

（二）实验原理

单位面积一定深度土壤中的碳储量为土壤碳密度。一定面积和深度土体中有机碳的总量为土壤有机碳储量。通过测定土壤有机碳的含量和土壤容重值，可以获得土壤的有机碳密度，再根据土壤有机碳密度及对应的土壤深度，即可求出土壤有机碳储量。

（三）仪　器

（1）环刀（容积 100 cm^3）和环刀托。
（2）分析天平。
（3）烘箱。
（4）削土刀。
（5）钢丝锯。
（6）干燥器。

（四）试　剂

（1）重铬酸钾溶液[$c(1/6K_2Cr_2O_7)$=0.008 mol/L]。
（2）硫酸（H_2SO_4,ρ = 1.84 g/cm^3，分析纯）。
（3）$FeSO_4$溶液（0.2 mol/L）。
（4）邻啡罗啉指示剂。
（5）2-羧基代二苯胺（又名邻苯氨基苯甲酸，$C_{13}H_{11}O_2N$）指示剂。

（五）实验步骤

1. 样品采集

在地势平坦、排水较好、植被盖度均匀的草地上挖掘深度为 1.5 m 的垂直土壤剖面，按照土壤表层（0 ~ 20 cm）、亚表层（20 ~ 40 cm）和深层（100 ~ 120 cm）分层采集土壤样品约 1.0 kg，装袋带回实验室，作为供试土样。

2. 样品预处理

将采集的土样置于塑料薄膜上，在阴凉通风处自然风干，除去砾石、植物根系和动物残体等杂物。将风干后的土样用木棒碾碎后，过 100 目筛。用四分法取 20 ~ 30 g 土样，在 105 °C 下烘至恒重。

3. 土壤容重测定

将环刀托放在已知质量的环刀上，环刀内壁擦上少许凡士林，将环刀刃口向下垂直压入土壤剖面中表层、亚表层和深层土壤中，直至环刀筒中充满土样为止。用修土刀切开环周围的土样，分别在剖面上表层、亚表层和深层土壤中取出已充满土的环刀，细心削平环刀两端多余的土，并擦净环刀外面的土。同时在土壤剖面同层取样处，用铝盒采样，测定各层次土壤含水量。把装有土样的环刀两端立即加盖，以免水分蒸发。随即称量（精确到 0.01 g），并记录数据。将装有土样的铝盒烘干，称量（精确到 0.01 g），计算土壤含水量。

4. 土壤容重计算

$$D=\frac{m}{V(1+w)}$$

式中　D——土壤容重，g/cm^3；

m——环刀内湿样质量，g；

V——环刀容积，cm^3，一般为 100 cm^3；

w——样品含水量，%（质量）。

5. 土壤有机碳含量测定

土壤有机碳含量的测定方法及步骤同第一节实验三。

6. 土壤有机碳储量计算

根据土壤剖面上各层次的有机碳含量、土壤容重、土壤水分值计算出土壤有机碳密度，再分析 1 hm^2 研究样地土壤有机碳储量。

土壤有机碳储量计算公式为

$$T_c=\sum_{i=1}^{n}(C_i\times d_i)\times 0.1$$

式中　T_c——单位面积一定深度范围内土壤有机碳储量，t/hm^2；

C_i——第 i 层有机碳密度，kg/m^2；

d_i——第 i 层厚度，cm；

n——层数。

某一土层 i 的有机碳密度 C_i（kg/m^2）计算公式为

$$C_i=w_i\times D_i\times d_i\times(1-G_i)/10$$

式中　w——土壤有机碳含量，%；

D——土壤容重，g/m^3；

d——土层厚度，cm；

G——大于 2 mm 的石砾所占的体积分数，%。

（六）数据记录与处理

土壤剖面不同深度土壤容重、有机碳含量，土壤有机碳储量测量和计算结果分别填入表 4-20 至表 4-22。

表 4-20　土壤剖面不同深度土壤容重　　单位：g/cm^3

土壤深度	Ⅰ	Ⅱ	Ⅲ	平均值	标准差
表层土壤（0～20 cm）					
亚表层土壤（20～40 cm）					
深层土壤（100～120 cm）					

表 4-21　土壤剖面不同深度有机碳含量　　单位：g/kg

土壤深度	Ⅰ	Ⅱ	Ⅲ	平均值	标准差
表层土壤（0～20 cm）					
亚表层土壤（20～40 cm）					
深层土壤（100～120 cm）					

表 4-22　土壤有机碳储量

土壤深度	土壤容重 /g·cm^{-3}	土壤有机碳含量/g·kg^{-1}	土壤有机碳密度/kg·m^{2}	1 hm^{2}样地土壤有机碳储量/kg·hm^{-2}
表层土壤（0～20 cm）				
亚表层土壤（20～40 cm）				
深层土壤（100～120 cm）				

（七）问题与讨论

（1）土壤有机碳密度与土壤碳储量有何区别？其测定原理与方法是否相同？

（2）计算土壤有机碳储量时，为什么要分层测定土壤有机碳密度？

（八）注意事项

（1）测定土壤有机碳储量时，土壤中氯化物的存在可使结果偏高。因为氯化物也能被重铬酸钾所氧化。因此，对于含氯高的土壤（如盐土）中有机碳的测定，必须防止氯化物的干扰，少量氯可加少量 Ag_2SO_4，使氯离子沉淀下来（生成 AgCl）。

（2）如果实验土样属于水稻土、沼泽土和长期渍水的土壤，由于土壤中含有较多的 Fe^{2+}、Mn^{2+}及其他还原性物质，它们也会消耗一定量的 $K_2Cr_2O_7$，可使分析测定结果偏高，对此类样品必须在测定前充分风干。

第五章 环境污染物的生物效应实验

环境中的化学物质种类繁多，数量巨大。这些化学污染物通过生物膜，进入生物体，在机体内通过吸收、分布发生转运，通过排泄与生物转化被消除。当吸收超过排泄及代谢转化，污染物就会在生物体内递增。当这些化学污染物的浓度超过生物的生理耐受能力，就会对生物体产生毒害作用。不同类型、不同形态和结构的化学污染物具有不同的生物毒性。例如，汞、镉的生物毒性比铜、锌的生物毒性大；Cr^{6+}比 Cr^{3+}生物毒性大；有机汞比无机汞的生物毒性大。生物长期暴露于一定污染物环境下，对环境污染物会表现出一定的耐受性，甚至能够吸收环境污染物，起到净化环境的作用。特别是那些能够超量吸收环境污染物的超积累植物，它们能够修复被污染的环境。

通过开设环境污染物的生物效应实验，一方面可以认识环境污染物对生物的毒害作用及其表达形式；另一方面，还能够利用污染物在生物体内的迁移、转化规律修复受损的生态系统，重建良好的生态环境，再现美丽山水。

第一节　基础与认识

一、小球藻对铜和锌的富集

许多金属元素（如 Fe、Zn 等）是藻类必需的微量元素，对藻类生长发育起着重要作用。但是，当环境中重金属元素含量过高，对藻类会产生一定的毒害作用，使藻类的体内代谢过程发生紊乱，生长发育受到抑制，进而影响藻类的生存，改变生态系统。

藻类的细胞壁主要由肽聚糖、磷脂和蛋白质组成，有黏性，带一定负电荷，并能够提供许多与金属离子结合的官能团。长期生长在一定浓度重金属环境中的藻类，对重金属具有生态适应性，能够富集环境中的重金属元素。利用藻类的这一性质可以固定环境中的重金属，修复受重金属污染的生态环境。

藻类生物富集重金属的效率和选择性取决于藻类的细胞结构以及被富集金属离子的性质。通过实验了解不同类型藻类对不同重金属的富集作用，有助于为利用藻类修复生态环境提供科学依据。

（一）实验目的

（1）掌握重金属含量的测定方法。

（2）掌握藻类对重金属富集量的测定方法。

（3）通过分析藻类对不同重金属富集作用的差异，了解不同重金属对藻类的影响。

（二）实验原理

生物富集指生物从周围环境中蓄积某种物质，使生物体内该物质的浓度超过环境中浓度的现象。藻类具有很强的生物富集能力，既能富集 Fe、Zn、Se 等人体所需的微量元素，也能富集 Pb、H g、Cr、Cu 等重金属元素。藻类对重金属离子的生物富集机理主要包括：主动运输、胞内和胞外金属蛋白结合、代谢分泌物的配合、胞外沉积、生物吸附等。金属毒性可能通过配合、沉积、甲基化或氧化还原等途径被消除，也可能通过形成金属蛋白得以实现。藻类对不同重金属的消除能力和耐受能力不同，因此生物富集程度不同。生物富集程度一般用生物富集系数（BCF）来表示，即

$$BCF = \frac{c_b}{c_e}$$

式中　BCF——生物浓缩系数；

c_b——某种元素或难降解物质在机体中的浓度；

c_e——某种元素或难降解物质在机体周围环境中的浓度。

（三）仪　器

（1）原子吸收分光光度计。

（2）恒温培养箱。

（3）干燥箱。

（4）离心机。

（5）分析天平。

（6）坩埚。

（7）马弗炉。

（四）试　剂

（1）分析纯硝酸。

（2）$CuSO_4$ 母液：100 mg/L。

（3）$ZnSO_4$ 母液：100 mg/L。

（4）小球藻培养液。

小球藻培养液配方如表 5-1 所示。

表 5-1　小球藻培养液配方

序号	营养盐	浓度/mg · L^{-1}
1	$NaNO_3$	250
2	NaCl	25
3	$CaCl_2 \cdot 2H_2O$	25
4	KH_2PO_4	175
5	K_2HPO_4	75
6	$MgSO_4 \cdot 7H_2O$	75
7	EDTA-Na_2	64
8	$FeSO_4 \cdot 7H_2O$	5

（5）金属标准储备液：以硝酸为介质，Cu 浓度为 1.00m g/ mL，Zn 浓度为 1.00m g/ mL。

（6）混合标准溶液：用 0.2%硝酸稀释金属标准储备液配制而成，配成的混合标准溶液中铜和锌的浓度分别为 50.0 μg/mL 和 10.0 μg/mL。

（五）实验步骤

1. 小球藻的培养

在无菌条件下，向已洗净、消毒的 500 mL 锥形瓶中加入 100 mL 小球藻培养基，接入藻种，摇匀，置光照培养箱中进行培养。

培养条件：（25±1）°C、光照强度（4000±100）lx，光照 12 h/d，pH 7.0。每天摇动锥形瓶 4 次，并加入一定量的小球藻培养基，使藻细胞处于对数增长期。

2. 小球藻对重金属的富集

将培养驯化过的小球藻用 $CuSO_4$ 以及 $ZnSO_4$ 母液配制成 5 mg/L 的处理液，每个处理重复 3 次。实验过程中每天摇动锥形瓶 4 次，处理 10 d 后测定小球藻体内重金属含量。

3. 小球藻生物量的测定

小球藻生物量测定采用干重法。藻体在 5000 r/min 转速下离心 10 min 后，分离藻体沉淀及上清液。藻体沉淀于 80 °C 烘箱内烘至恒重，用分析天平称其质量。

4. 重金属含量的测定

（1）标准曲线的绘制。

分别在 6 只 100 mL 容量瓶中加入 0.00 mL、0.50 mL、1.00 mL、3.00 mL、5.00 mL、10.00 mL 混合标准溶液，用 0.2%硝酸定容至标线，分别编号为 0#、1#、2#、3#、4#、5#。此混合标准系列金属浓度见表 5-2。

表 5-2　标准系列的重金属浓度

编号		0#	1#	2#	3#	4#	5#
混合标准使用液体积/mL		0	0.50	1.00	3.00	5.00	10.00
重金属浓度/μg · mL^{-1}	Cu	0	0.25	0.50	1.50	2.50	5.00
	Zn	0	0.05	0.10	0.30	0.50	1.00

用火焰原子吸收分光光度计测吸光度（扣除空白）。根据吸光度与浓度对应关系，绘制标准曲线。

（2）重金属含量的测定。

① 水环境中重金属含量的测定。

用 0.2%硝酸将原子吸收分光光度计调零。取 100 mL 水样，经离心后取上清液，过 0.45 μm 滤膜。吸入空白样和滤液，测量吸光度，记录数据。扣除空白后，从标准曲线上查出试样中的金属浓度。

② 小球藻体内重金属含量的测定。

干式消解法预处理小球藻藻体：烘至质量恒定的藻体经称量后移入坩埚，加热炭化后，置于马弗炉内 500 °C 下灼烧 6 h，充分灰化。取出，冷却后，用硝酸溶解，过滤。移入 100 mL 容量瓶，定容。用火焰原子吸收分光光度计测吸光度（扣除空白）。根据吸光度在标准曲线上定量。

（六）数据记录与处理

1. 标准曲线的绘制

将测得的吸光度填入表 5-3，并绘制标准曲线，求出标准曲线回归方程及其相关系数。

表 5-3　Cu 与 Zn 的标准曲线

重金属元素	项目	编号					
		0#	1#	2#	3#	4#	5#
Cu	浓度/μg · mL^{-1}	0.00	0.25	0.50	1.50	2.50	5.00
	吸光度（$A-A_0$）						
	回归方程						
	相关系数 R						
Zn	浓度/μg · mL^{-1}	0	0.05	0.10	0.30	0.50	1.00
	吸光度（$A-A_0$）						
	回归方程						
	相关系数 R						

2. 计算重金属含量及生物富集系数

将测得的小球藻吸光度（扣除空白）分别带入 Cu 与 Zn 的标准曲线回归方程，计算小球藻试液浓度。小球藻试液浓度除以小球藻生物量（干重）得小球藻体内重金属含量 c_b。

将测得水样的吸光度（扣除空白）分别带入 Cu 与 Zn 的标准曲线回归方程，计算水样中重金属 Cu 与 Zn 的浓度 c_e。

将 c_b 与 c_e 代入生物富集系数（BCF）计算式中，计算生物富集系数。

将吸光度（扣除空白）和计算结果填入表 5-4。

表 5-4　小球藻对 Cu 与 Zn 的生物富集系数

重金属	样品	吸光度（$A-A_0$）	试液浓度 /$mg \cdot kg^{-1}$	样品重金属浓度（c_b/$mg \cdot kg^{-1}$；c_e/$mg \cdot L^{-1}$）	生物富集系数（BCF）
Cu	小球藻				
	水样				
Zn	小球藻				
	水样				

（七）问题与讨论

（1）Cu 和 Zn 对小球藻生长有何影响？

（2）小球藻对 Cu 和 Zn 的富集系数为什么不同？

（3）藻类对重金属富集的机理有哪些？

（八）注意事项

（1）实验要选用对数增长期的小球藻，培养过程中要不断补充氧气。

（2）使用干燥箱、马弗炉时注意安全。

（3）测出的试液浓度须落在标准曲线范围内，否则应对试液稀释后再测定。

二、土壤酶活性

土壤微生物对有机物的降解，实质上是微生物在一系列酶的催化作用下的生物氧化还原反应。土壤中参加生物氧化较重要的酶为氧化酶和脱氢酶两大类，尤以脱氢酶类更加重要。脱氢酶能使氧化有机物的氢原子活化并传递给特定的受氢体，实现有机物的氧化和转化。如果脱氢酶活化的氢原子被人为受氢体接受，就可以通过直接测定人为受氢体浓度的变化间接测定脱氢酶的活性，表征生物降解过程中微生物的活性。因此，脱氢酶的活性可以反映土壤体系内活性微生物量及其对有机物的降解活性，以评价其降解性能。

（一）实验目的

（1）了解土壤脱氢酶活性及其影响因素；

（2）掌握分光光度法测定土壤脱氢酶活性的原理及测定方法。

（二）实验原理

脱氢酶的正式命名是 AH:B 氧化还原酶，广泛存在于动植物组织和微生物细胞内，它能从一定的基质中脱出氢而进行氧化作用。脱氢酶的种类因电子供给体和接受体的特异性而有不同。单位时间内脱氢酶活化氢的能力表现为它的酶活性。通过测定土壤中微生物的脱氢酶活性，可以了解微生物对土壤中有机物的氧化分解能力，即土壤酶的活性。

已知受氢体可接受脱氢酶脱出的氢原子，根据接收氢原子的量可以判断脱氢酶的活性。如无色的氯化三苯基四氮唑（TTC，俗称红四唑）接受氢后变成红色的三苯基甲臜（TPF）。根据产生红色的色度进行比色分析，就可以判断脱氢酶的活性。通常吸光度越大（红色越深），脱氢酶活性越大。

（三）仪　器

（1）具塞比色管：50 mL。
（2）比色管架。
（3）移液枪：1 ~ 5 mL，100 ~ 1000 μL。
（4）药匙。
（5）水浴锅。
（6）分光光度计。
（7）分析天平。
（8）离心管。
（9）培养箱。

（四）试　剂

1. 土壤样品

过 0.9 mm 孔径筛的土壤样品 8 g。

2. Na_2SO_3 溶液（0.36%）

称取 1.8 g Na_2SO_3 溶于蒸馏水中，定容至 500 mL。

3. Tris-HCl 缓冲液（pH=7.6）

称取 Tris（三羟甲基氨基甲烷，分子量 121.4）30.285 g 溶于蒸馏水，加入 1 mol/L 盐酸 210 mL，定容至 500 mL。

4. 0.4%氯化三苯基四氮唑（TTC）

称取 0.4 g TTC 溶于 0.5 mL Tris-HCl 缓冲溶液中，用蒸馏水定容至 100 mL。

5. $Na_2S_2O_4$

十几粒。

6. 甲　醛

10 mL。

7. 丙　酮

20 mL。

（五）实验步骤

1. 标准溶液绘制

按表 5-5 配制系列浓度的 TTC 标准溶液。

表 5-5　TTC 标准溶液的配置

序号	0	1	2	3	4	5
0.36% N_2SO_4 体积/mL	2.5	2.5	2.5	2.5	2.5	2.5
Tris-HCL 体积/mL	7.5	7.5	7.5	7.5	7.5	7.5
0.4%TTC 体积/mL	0	0.1	0.2	0.3	0.4	0.6
TTC 标液浓度/$\mu \cdot L^{-1}$	0	8	16	24	32	48

2. 显　色

用药匙向每只比色管中各加入少许连二亚硫酸钠（$Na_2S_2O_4$），混匀，使 TTC 全部还原为红色的 TPF。用 1 mL 移液枪向各管滴加 1 mL 甲醛终止反应，摇匀后再加入 2 mL 丙酮，振荡，摇匀，于 37 °C 条件下水浴 10 min。

3. 吸光度测定

在 485 nm 波长下测定各管溶液的吸光度 A，并以 A 为纵坐标，TTC 浓度为横坐标，绘制 TTC 标准曲线。

4. 土壤脱氢酶活性测定

（1）培养并显色。

首先，按表 5-6 向 4 只离心管中分别加入以下物质对照组。然后，将以上 4 只离心管避光，于 37 °C 保温条件下培养 12 ~ 24 h。

表 5-6　土壤对照组与实验组设置

	对照组	土样 1#	土样 2#	土样 3#
过 2 mm 筛土样质量/g	2	2	2	2
0.4% TTC 体积/mL	0	2	2	2
蒸馏水体积/mL	2	0	2	2

（2）培养结束后，用 1 ~ 5 mL 可调式移液枪向各管中分别加入 1 mL 甲醛终止反应，再分别加入 2 mL 丙酮，振荡，于 37 °C 下水浴保温 10 min。

（3）离心。将各离心管置于离心机中，4000 r/min 离心 5 min。

（4）吸光度测定。取上清液在 485 nm 波长下测定吸光度 A，在标准曲线上查出相应的 TTC 浓度。

（六）数据记录及处理

土壤脱氢酶计算公式如下：

$$\text{脱氢酶活性} = C \cdot t \cdot N$$

式中　C——由标准曲线上查出的 TTC 浓度，μg/mL；

t——培养时间校正值，h；

N——比色时稀释倍数。

（七）问题与讨论

（1）影响土壤脱氢酶活性的因素有哪些？

（2）如果将实验中的终止液由甲醛改为浓硫酸，会对实验结果有什么影响？为什么？

（八）注意事项

（1）所有操作尽量在避光条件下进行。脱氢酶最适反应温度为 30 ~ 37 °C，最适 pH 为 7.4 ~ 8.5，因此要控制好水浴锅的温度和缓冲液的 pH。

（2）加入还原剂连二亚硫酸钠时，要保证各管中的加入量尽量相同，防止因加入不同量的还原剂而造成差异。

（3）离心管经摇晃后会在管壁上沾有土，因此离心后取上清液测吸光度时，可用吸管吸取上清液到比色皿中，避免吸入土壤颗粒。

（4）用过的比色皿如果内壁沾有颜色而难以清洗，可用硝酸浸泡。

第二节　探索与创新

一、重金属对土壤脱氢酶活性的影响

土壤酶是土壤的重要组成部分，在土壤的物质转化、能量代谢和污染物净化等过程中发挥着重要作用。随着我国工业化进程的不断加快，土壤重金属污染形势愈加严峻。据统计，我国受重金属污染的土地约有 2.5×10^7 hm^2，其中受到严重污染的土地超过 7×10^5 hm^2。尤其以铜、镉、铅为环境中重要的污染元素，其主要随冶金、化工、农业等多领域的“三废”排放污染环境，并对土壤酶活性起到抑制作用。研究不同重金属对土壤脱氢酶活性的影响，最终揭示二者间的关系及其主要影响因素，有助于为土壤环境保护和重金属污染土壤的分析评价提供参考依据。

（一）实验目的

（1）了解铜、铅、镉三种重金属对土壤脱氢酶活性的影响。
（2）认识重金属复合污染对土壤脱氢酶活性的影响。

（二）实验原理

氯化三苯基四氮唑（TTC）是标准氧化电位为 80 mV 的氧化还原色素，溶于水中成为无色溶液，但还原后即生成红色而不溶于水的三苯基甲臜（TPF）。TPF 比较稳定，不会被空气中的氧自动氧化，所以 TTC 被广泛地用作酶试验的氢受体。植物根系中脱氢酶所引起的 TTC 还原，可因加入琥珀酸、延胡索酸、苹果酸得到增强，而被丙二酸、碘乙酸所抑制。所以 TTC 还原的量能够表示脱氢酶活性并作为根系活力的指标。通过在土壤中添加不同的单一重金属和多种重金属，并对土壤样品进行培养，可以测定并发现不同重金属污染条件下土壤脱氢酶活性的变化，从而了解单个重金属以及重金属复合污染对土壤脱氢酶活性的影响。

（三）仪　器

（1）分析天平。
（2）恒温培养箱。
（3）培养皿。

（四）试　剂

（1）Cu^{2+}：$CuSO_4 \cdot 5H_2O$，分析纯。
（2）Pb^{2+}：$Pb(CHaCOO) \cdot 3H_2O$，分析纯。
（3）Cd^{2+}：$CdCl_2 \cdot 5H_2O$，分析纯。

（五）实验步骤

（1）土样先过 2 mm 筛，剔除杂草、石子等杂物，分成若干份，每份 2000　g。按各重金属要求处理量（表 5-7）将已研细成粉状的重金属化合物分别逐次与土样充分混匀（即先将称量好的粉状重金属与 1 g 土混匀，再加入 5 g 土混匀，后再加入 5 倍重量的土混匀，以此类推，直至加完 2000 g 土样）。

（2）根据土样含水量的测定结果，边搅拌边喷水调节土样含水量至 15%，然后装入 20 cm×20 cm 的塑料桶。

（3）在 25 ~ 30 °C 室温条件下培养 1 d、8 d、16 d 和 24 d，取样测定供试土壤的脱氢酶活性。培养期间，定期测定土壤含水量，并喷施蒸馏水，保持土壤含水量稳定在 15%左右。

表 5-7　土壤重金属施入量

重金属组成	重金属施入量/mg·kg^{-1}			
	对照土样 T0	实验组 T1	实验组 T2	实验组 T3
Cu^{2+}	0	50	250	500
Pb^{2+}	0	200	500	1000
Cd^{2+}	0	0.5	1.0	1.5
Cu^{2+}+Pb^{2+}+Cd^{2+}	0	50+200+0.5	250+500+1.0	500+1000+1.5

（六）数据记录与处理

所有处理均设空白对照，每种处理的测定值都与对照值相比，所得数据进行重金属浓度与酶活性的回归分析，求出各重金属浓度与酶活性的回归方程。

将实验数据及计算结果填入表 5-8 至表 5-11。

表 5-8　重金属污染条件下土壤脱氢酶活性

重金属组成	对照土样 T0	实验组 T1	实验组 T2	实验组 T3
Cu^{2+}				
Pb^{2+}				
Cd^{2+}				
Cu^{2+}+Pb^{2+}+Cd^{2+}				

表 5-9　不同培养时间实验组 T1 土壤脱氢酶活性

重金属组成	培养时间/d				
	0	1	8	16	24
Cu^{2+}（50 mg/kg）					
Pb^{2+}（200 mg/kg）					
Cd^{2+}（0.5 mg/kg）					
Cu^{2+}+Pb^{2+}+Cd^{2+}（50+200+0.5 mg/kg）					

表 5-10　不同培养时间实验组 T2 土壤脱氢酶活性

重金属组成	培养时间/d				
	0	1	8	16	24
Cu^{2+}（250 mg/kg）					
Pb^{2+}（500 mg/kg）					
Cd^{2+}（1.0 mg/kg）					
Cu^{2+}+Pb^{2+}+Cd^{2+}（250+500+1.0 mg/kg）					

表 5-11　不同培养时间实验组 T3 土壤脱氢酶活性

重金属组成	培养时间/d				
	0	1	8	16	24
Cu^{2+}（500 mg/kg）					
Pb^{2+}（1000 mg/kg）					
Cd^{2+}（1.5 mg/kg）					
Cu^{2+}+Pb^{2+}+Cd^{2+}（500+1000+1.5 mg/kg）					

（七）问题与讨论

（1）三种重金属元素对土壤脱氢酶活性的影响有何不同？

（2）单一重金属污染和多种重金属复合污染对土壤脱氢酶活性的影响有什么差异？

（八）注意事项

（1）实验中，考虑到处理过程中微生物对环境的适应特点，将样品培养温度控制在 37 °C 为宜。

（2）由于 TTC 具有较高的光敏感性，整个实验过程尽量在避光实验条件下进行。

二、碱性磷酸酶米氏常数的测定

酶是一类由细胞制造和分泌的、以蛋白质为主要成分、具有催化活性的生物催化剂。在酶的催化下底物所发生的转化称为酶促反应。污染物质在环境中的生物转化绝大多数都是酶促反应。在环境温度、pH 和酶浓度恒定的情况下，底物浓度在较低范围内增加时，酶促反应的初速率随底物浓度的增加而增大；当底物浓度增至一定浓度后，即使增加浓度，反应速率也不会再增大，即达到最大反应速率。这是由于酶浓度受限于所形成的中间配合物浓度。

Michaelis 和 Menten 从酶（E）与底物（S）先结合形成中间产物（ES），然后再分离出产物（P）这个假定出发，根据酶促反应体系处于动态平衡，用数学推导得出底物浓度和酶促反应速率的关系式，称为米氏方程，如下所示：

$$v=\frac{v_{max}[S]}{K_M+[S]}$$

式中　v——反应速率；

v_{max}——最大反应速率；

[S]——底物浓度；

K_M——米氏常数，与底物浓度单位相同。

K_M 值是酶促反应的一个特征常数，可以近似表示酶与底物的亲合力。测定 K_M 值是酶学研究中的一个重要方法。对于一个酶促反应，在一定条件下，都有其特定的 K_M

值，因此常用于鉴别酶。

（一）实验目的

（1）了解底物浓度对酶促反应的影响。

（2）掌握测定米氏常数的原理和方法。

（3）加深对酶促反应动力学的理解。

（二）实验原理

Lineweaver-Burk 作图法是用实验方法测定 K_M 值的常用方法，又称为双倒数作图法。Lineweaver 和 Burk 将米氏方程改写成倒数形式：

$$\frac{1}{v}=\frac{K_M}{v_{max}}\cdot\frac{1}{[S]}+\frac{1}{v_{max}}$$

实验时选择不同的[S]，测定相应的 v。求出两者的倒数，以 $1/v$ 对 $1/[S]$作图，得到一条斜率为 K_M/v_{max} 的直线。将直线外推与横轴相交，截距为 $-1/[S]=1/K_M$，由此求出 K_M 值。K_M 值越大，说明酶对底物的亲和力越小；反之，越大。

碱性磷酸酶是一组酶，能水解多种磷酸酯，如磷酸苯二钠、3-磷酸甘油等。本实验以碱性磷酸酶为催化剂、磷酸苯二钠为底物，在最适条件（pH=10，37 °C）下进行反应，测定 K_M。相应的酶促反应式为

$$C_6H_5O{-}PO_3Na_2 + H_2O \longrightarrow C_6H_5OH + Na_2HPO_4$$

反应产生的酚可以使酚试剂中的磷钼酸及磷钨酸还原产生钼蓝及钨蓝，测其吸光度，以此代表反应速率。用吸光度的倒数与底物浓度的倒数按 Lineweaver-Burk 作图法作图，由横轴上的截距求 K_M 值。

（三）仪　器

（1）移液管。

（2）分析天平。

（3）容量瓶：100 mL、500 mL。

（4）量筒。

（5）圆底烧瓶：1500 mL。

（6）冷凝回流装置。

（7）棕色瓶：1000 mL。

（8）试管：10 mL。

（9）分光光度计。

（10）离心机。

（11）水浴锅。

（四）试　剂

1. 磷酸苯二钠（1 mol/L）

称取 127m g 磷酸苯二钠，用煮沸后冷却的蒸馏水溶解并稀释至 500 mL，加 2 mL 氯仿防腐，置棕色瓶中放冰箱保存，可用 1 周。

2. 乙醇胺缓冲液（pH=10.1）（1 mol/L）

称取乙醇胺（$NH_2CH_2CH_2OH$）61.1 g，加蒸馏水 800 mL、0.3 mmol/L 氯化镁 1.0 mL、5%吐温 80 20 mL，混匀后用浓盐酸校正 pH 至 10±0.05，再加水至 1000 mL。

3. 碱性磷酸酶（0.1m g/ mL）

取纯化碱性磷酸酶试剂 10m g，加 pH=10 的乙醇胺缓冲溶液至 100 mL。

4. 酚试剂

于 1500 mL 圆底烧瓶内加入钨酸钠（$Na_2WO_4 \cdot 2H_2O$）100 g，钼酸钠（$Na_2MoO_4 \cdot H_2O$）25 g、蒸馏水 700 mL、85%磷酸 50 mL 以及浓盐酸 100 mL。在烧瓶口上连接冷凝器，慢慢加热回流 10 h。再加 $Li_2SO_4 \cdot H_2O$ 150 g 及蒸馏水 50 mL，必要时过滤。如显示绿色，可加溴水数滴使其氧化并呈淡黄色。然后煮沸除去过剩的溴，待冷却后稀释至 1000 mL，此为储备液，储于棕色瓶中，使用时加等量蒸馏水稀释。

5. Na_2CO_3（7.5%）

称取无水碳酸钠 75 g，加蒸馏水溶解并稀释至 1000 mL。

（五）实验步骤

（1）取 6 支试管，分别编号为 0#、1#、2#、3#、4#、5#，按表 5-12 所列试剂配制溶液。

表 5-12　各试管内溶液的配制

试管编号	0#	1#	2#	3#	4#	5#
1 mol/L 磷酸苯二钠体积/mL	0	0.1	0.15	0.2	0.4	0.6
蒸馏水体积/mL	1.0	0.9	0.85	0.8	0.6	0.4
1 mol/L 乙醇胺缓冲溶液体积/mL	0.5	0.5	0.5	0.5	0.5	0.5

（2）将各试管充分混匀，置于 37 °C 水浴预热 10 min。

（3）37 °C 预热后，加入 0.5 mL 碱性磷酸酶，立即混匀，置 37 °C 水浴准确保温 15 min。

（4）加入酚试剂 0.5 mL，再加入 5%碳酸钠 4.0 mL，充分混匀，置 37 °C 水浴保温 20 min。

（5）从水浴锅中取出比色管，4000 r/min 条件下离心 10 min，取上清液，以 0#管为空白在 650 nm 下测吸光度 A。

（六）数据处理

（1）将测得的各试管的吸光度值记录于表 5-13 中。

表 5-13　各试管溶液浓度及吸光度

试管号	[S]	吸光度 A	1/[S]	$1/A$
1#				
2#				
3#				
4#				
5#				

（2）以 1/[S]为横坐标，$1/A$（代表反应速率的倒数，$1/v$）为纵坐标，用 Excel 或 Origin 软件作图，图中横轴截距的负倒数为碱性磷酸酶的 K_M。计算结果记录如下。

函数式：________________________

R^2=__________________________

K_M=__________________________

（七）问题与讨论

（1）在什么条件下，测定的 K_M 可以作为鉴别酶的一种手段，为什么？

（2）米氏方程中 K_M 有什么实际意义？

（八）注意事项

（1）反应速率只在最初一段时间保持恒定，随着反应时间的延长，酶促反应速率逐渐下降。因此，研究酶的活性应以酶促反应初速率为准。

（2）为了保证本定量实验测试结果的准确性，应尽量减少实验过程中的误差。在配制不同浓度的底物溶液时，要用同一母液进行稀释，保证底物浓度的准确性。各试剂的取量要准确，并严格控制酶促反应的时间。

参考文献

[1] 戴树桂. 环境化学[M]. 北京：高等教育出版社，2012.

[2] 奚旦立. 环境监测[M]. 北京：高等教育出版社，2015.

[3] 叶锡模. 分析化学[M]. 杭州：浙江大学出版社，2009.

[4] 国家环境保护总局. 环境空气质量手工监测技术规范：HJ/T194—2005[S]. 北京：中国环境科学出版社，2006.

[5] 国家环境保护总局《空气和废气监测分析方法》编委会. 空气和废气监测分析方法[M]. 4 版. 北京：中国环境科学出版社，2007.

[6] 国家环境保护总局《水和废水监测分析方法》编委会. 水和废水监测分析方法[M]. 4 版. 北京：中国环境科学出版社，2002.

[7] 董德明，花修艺，康春莉. 环境化学实验[M]. 北京：北京大学出版社，2010.

[8] 迟杰，齐云，鲁逸人. 环境化学实验[M]. 天津：天津大学出版社，2010.

[9] 吴峰. 环境化学实验[M]. 武汉：武汉大学出版社，2014.

[10] 邹洪涛，朱丽珺. 环境化学实验教程[M]. 北京：中国林业出版社，2015.

[11] 黄娟. 上海市霾与非霾期间大气中 PM_{10} 和 $PM_{2.5}$ 污染特征研究[D]. 上海：上海交通大学，2015.

[12] 宋燕，徐殿斗，柴之芳. 北京大气颗粒物 PM_{10} 和 $PM_{2.5}$ 中水溶性阴离子的组成及特征[J]. 分析试验室，2006(02)：80-85.

[13] 大气降水 pH 的测定　电极法：GB/T 13580.4—1992[S].

[14] 陈璇，单晓冉，石兆基，等. 1998—2018 年我国酸雨的时空变化及其原因分析（英文）[J]. Journal of Resources and Ecology, 2021, 12(05): 593-599.

[15] 邢建伟，宋金明，袁华茂，等. 青岛近岸区域典型海陆人为交互作用下酸雨的化学特征[J]. 环境化学，2017，36(02)：296-308.

[16] 人造板甲醛释放量测定　气候箱法：GB/T 33043—2016[S].

[17] 李昂臻，陈思旭，李海燕，等. 北方某省会城市主要水库富营养化程度、特征和防治对策[J]. 环境化学，2020，39(09)：2529-2539.

[18] 汤显强. 长江流域水体富营养化演化驱动机制及防控对策[J]. 人民长江，2020，51(01)：80-87.

[19] 邹伟，朱广伟，蔡永久，等.综合营养状态指数（TLI）在夏季长江中下游湖库评价中的局限及改进意见[J]. 湖泊科学，2020，32(01)：36-47.

[20] 刘昭，周宏，曹文佳，等. 清江流域地表水重金属季节性分布特征及健康风险评价[J]. 环境科学，2021，42(01)：175-183.

[21] 王刚. 南京市地表水重金属污染特征及风险研究[J]. 环境生态学，2020，2(07)：37-47.

[22] 丁婷婷，杜士林，王宏亮，等. 嘉兴市河网重金属污染特征及生态风险评价[J]. 环境化学，2020，39(02)：500-511.

[23] PEN G Y, LIU G D, ZHAN G L L, et al. Conta mination assessment and release kinetics of heavy metals in sediments of urban-rural ecotones[J]. Fresenius Environmental Bulletin, 2014, 23(8): 1785-1789.

[24] 彭越，刘国东，骆斌，等. 城乡交错带河流表层沉积物重金属污染及潜在生态风险评价[J]. 水土保持研究，2013，20(06)：173-176.

[25] 姜聚慧，娄向东，席国喜，等. UV/H_2O_2/草酸铁配合物光降解偶氮蓝染料的研究[J]. 化学研究与应用，2004(03)：406-408.

[26] 张乃东，郑威，黄君礼. UV-Vis/H_2O_2/草酸铁配合物法在水处理中的应用[J]. 感光科学与光化学，2003(01)：72-78.

[27] 李太友，刘琼玉. 日光/H_2O_2/草酸铁配合物光解水溶液中的直接耐酸大红[J]. 化工环保，2001(02)：84-88.

[28] 中性土壤阳离子交换量和交换性盐基的测定：NY/T 295—1995[S].

[29] 中性土壤阳离子交换量和交换性盐基的测定：NY/T 295—1995[S].

[30] 土壤质量用氯化钡溶液测定有效阳离子交换能力和盐基饱和水平：ISO 11260—1994[S].

[31] 张凤杰. 铜在土壤上的吸附行为及共存污染物对其吸附的影响[D]. 大连：大连理工大学，2013.

[32] 赵天一. 土壤的铜吸持特性及影响外源铜有效性因素的研究[D]. 贵阳：贵州大学，2006.

[33] 刘庆，赵西梅，舒龙，等. 土壤对铜的吸附-解吸特征及对土地利用的响应[J]. 水土保持通报，2012，32(05)：128.

[34] 冯军，孟凯，崔晓阳，等. 农田黑土铜、锌吸附解吸特性分析[J]. 东北林业大学学报，2009，37(10)：60-62.

[35] 李金芬. 云雾山草地土壤有机碳全氮含量与分布特征[D]. 咸阳：西北农林科技大学，2009.

[36] 原丽华. 龙蒿生殖生物学及繁殖方法的研究[D]. 乌鲁木齐：新疆农业大学，2004.

[37] 张娣. 三江地区土壤微生物群落结构分析及土壤理化性状的研究[D]. 哈尔滨：哈尔滨师范大学，2009.

[38] 薛卫鹏. 秦岭林区华山松林与云杉林土壤碳密度特征[D]. 咸阳：西北农林科技大学，2016.

[39] 许玉萍. 有机酸对矿区土壤中外源重金属形态的影响[D]. 合肥：合肥工业大学，2009.

[40] 赵云. 不同退化程度高寒草甸草原土壤理化特征的研究[D]. 兰州：甘肃农业大学，2009.

[41] 夏莺. 土壤有机质测定方法加热条件对比研究[J]. 现代农业科技，2014，(18)：221-222.

[42] 郭艳. 土壤有机质不同测定方法的对比[J]. 农业与技术，2019，39(18)：25-26.

[43] 于沙沙，窦森，黄健. 吉林省耕层土壤有机碳储量及影响因素[J]. 农业环境科学学报，2014，33(10)：1973-1980.

[44] 李忠，孙波，赵其国. 我国东部土壤有机碳的密度和储量[J]. 农业环境保护，2001，(06)：385-389.

[45] 朱真令. 浙江省土壤有机碳的剖面分布特性研究[D]. 杭州：浙江农林大学，2015.

[46] 张娣. 三江地区土壤微生物群落结构分析及土壤理化性状的研究[D]. 哈尔滨：哈尔滨师范大学，2009.

[47] 马晴，彭越，冼应男，等. 菖蒲对水中铅富集能力的试验研究[J]. 四川建筑，2017，37(05)：53-55.

[48] 纪美辰，张继权，彭越，等. 水培条件下几种水生植物对铅的抗性研究[J]. 生物技术通报，2017，33(08)：120-125.

[49] MA Q, PEN G Y, ZHAN G J Q, et al. Enric hment capacity of lead in water by aquatic plants[J]. Polis h Journal of Environmental Studies, 2019, 28(4): 2745-2754.

[50] 李振良，谢群，曾珍，等. 湛江观海长廊红树林土壤-植物体系重金属富集与迁移规律[J]. 热带地理，2021，41(02)：398-409.

[51] 陈洁宜，刘广波，崔金立，等. 广东大宝山矿区土壤植物体系重金属迁移过程及风险评价[J]. 环境科学，2019，40(12)：5629-5639.

[52] 黄连喜，魏岚，刘晓文，等. 生物炭对土壤-植物体系中铅镉迁移累积的影响[J]. 农业环境科学学报，2020，39(10)：2205-2216.

[53] 煤和煤矸石淋溶试验方法：GB/T 34230—2017[S].

[54] 土壤质量　土壤和土壤原料连续化学和毒物学测试浸出过程的指南：ISO 18772—2008[S].

[55] 铜、铅、锌原矿和尾矿化学分析方法：第 1 部分　金量的测定　火试金富集-火焰原子吸收光谱法：YS/T 53.1—2010[S].

[56] 彭越，马文明. 云南某炼锌尾矿砂重金属释放实验研究[J]. 西南民族大学学报（自然科学版），2020，46(1)：26-32.

[57] 廖月清，陈明，郑小俊，等. 模拟酸雨条件下生物炭配施沸石对江西某钨矿区 Pb、Cd、W 的淋溶效应[J]. 水土保持学报，2021，35(06)：319-326.

[58] 郭佳雯，廖敏，谢晓梅，等. 铅锌冶炼厂冶炼渣淋溶释放的铅在红壤中垂直迁移特征[J]. 环境污染与防治，2021，43(08)：990-996.

[59] WAN G Q, KO J H, LIU F, et al. Leaching characteristics of heavy metals in MSW and bottom as h co-disposal landfills[J]. Journal of Hazardous Materials, 2021: 416.

[60] 中国土壤学会土壤农化分析专业委员会. 土壤常规分析法[M]. 北京:科学出版社, 1985.

[61] 李庆奎. 土壤分析法[M]. 北京：科学出版社，1958.

[62] 叶炳. 土壤理化分析法[M]. 北京：科学出版社，1959.

[63] 中国科学院南京土壤研究所. 土壤理化分析[M]. 上海：上海科学技术出版社，1978.

[64] 张桂山，贾小明，马晓航. 山东棕壤重金属污染土壤酶活性的预警研究[J]. 植物营养与肥料学报，2004，(03)：272-276.

[65] 戴濡伊，吴季荣，徐剑宏，等. 小麦根际土壤脱氢酶活性测定方法的改进[J]. 江苏农业学报，2013，29(04)：772-776.

[66] 张国庆，和文祥，吕家珑，等. Cr^{3+}对土壤酶活性的影响[J]. 西北农林科技大学学报（自然科学版），2014，42(03)：131-136.

[67] 朱红梅，李国华，崔静，等. 重金属铅对土壤微生物活性的影响[J]. 南京农业大学学报，2011，34(06)：125-128.

[68] 陈玲玲. 土壤酶活性对土壤重金属污染的指示研究[D]. 西安：西安科技大学，2012.

[69] 罗运阔，廖敏，朱美英，等. 铅对旱地红壤脱氢酶活性的影响[J]. 安徽农业科学，2008(14)：6058-6059.

[70]林芃，刘艳，杨海波. 小球藻生物富集锌、镉机制的研究[J]. 生物技术，2002(05)：17-18.

[71] 唐洪杰，杨茹君，张传松，等. 几种海洋微藻的碱性磷酸酶性质初步研究[J]. 海洋科学，2006(10)：61-64.

[72] 路娜，胡维平，邓建才，等. 引江济太对太湖水体碱性磷酸酶动力学参数的影响[J]. 水科学进展，2010，21(03)：413-420.

[73] 路娜，胡维平，邓建才，等. 太湖水体中碱性磷酸酶的空间分布及生态意义[J]. 环境科学，2009，30(10)：2898-2903.

附　录

附录 A　环境空气质量标准（GB 3095—2012）节选

表 A1　环境空气污染物基本项目浓度限值

序号	污染物项目	平均时间	浓度限值		单位
			一级	二级	
1	二氧化硫（SO_2）	年平均	20	60	μg/m³
		24 小时平均	50	150	
		1 小时平均	150	500	
2	二氧化氮（NO_2）	年平均	40	40	
		24 小时平均	80	80	
		1 小时平均	200	200	
3	一氧化碳（CO）	24 小时平均	4	4	mg/m³
		1 小时平均	10	10	
4	臭氧（O_3）	日最大 8 小时平均	100	160	μg/m³
		1 小时平均	160	200	
5	颗粒物（粒径小于等于 10 μm）	年平均	40	70	
		24 小时平均	50	150	
6	颗粒物（粒径小于等于 2.5 μm）	年平均	15	35	
		24 小时平均	35	75	

表 A2 环境空气质量其他项目浓度限值

序号	污染物项目	平均时间	浓度限值		单位
			一级	二级	
1	总悬浮颗粒物（TSP）	年平均	80	200	μg/m^3
		24 小时平均	120	300	
2	氮氧化物（NO_x）（以 NO_2 计）	年平均	50	50	
		24 小时平均	100	100	
		1 小时平均	250	250	
3	铅（Pb）	年平均	0.5	0.5	
		季平均	1.0	1.0	
4	苯并[α]芘（BaP）	年平均	0.001	0.001	
		24 小时平均	0.002 5	0.002 5	

附录 B　地表水环境质量标准（GB 3838—2002）节选

表 B1　地表水环境质量标准基本项目标准限值　　单位：mg/L

序号	项目	Ⅰ类	Ⅱ类	Ⅲ类	Ⅳ类	Ⅴ类
1	水温/°C	人为造成的环境水温变化应限制在： 周平均最大温升≤1 周平均最大温降≤2				
2	pH（无量纲）			6～9		
3	溶解氧　≥	饱和率 90%（或 7.5）	6	5	3	2
4	高锰酸盐指数 ≤	2	4	6	10	15
5	化学需氧量（COD）≤	15	15	20	30	40
6	五日生化需氧量（BOD_5）≤	3	3	4	6	10
7	氨氮（NH_3-N）≤	0.15	0.5	1.0	1.5	2.0
8	总磷（以 P 计）≤	0.02（湖、库 0.01）	0.1（湖、库 0.025）	0.2（湖、库 0.05）	0.3（湖、库 0.1）	0.4（湖、库 0.02）
9	总氮（湖、库以 N 计）≤	0.2	0.5	1.0	1.5	2.0
10	铜　≤	0.01	1.0	1.0	1.0	1.0
11	锌　≤	0.05	1.0	1.0	2.0	2.0
12	氟化物（以 F^- 计）≤	1.0	1.0	1.0	1.5	1.5
13	硒　≤	0.01	0.01	0.01	0.02	0.02
14	砷　≤	0.05	0.05	0.05	0.1	0.1
15	汞　≤	0.000 05	0.000 05	0.000 1	0.001	0.001
16	镉　≤	0.001	0.005	0.005	0.005	0.01
17	铬（六价）≤	0.01	0.05	0.05	0.05	0.1
18	铅　≤	0.01	0.01	0.05	0.05	0.1
19	氰化物　≤	0.005	0.05	0.2	0.2	0.2
20	挥发酚　≤	0.002	0.002	0.005	0.01	0.1
21	石油类　≤	0.05	0.05	0.05	0.5	1.0
22	阴离子表面活性剂≤	0.2	0.2	0.2	0.3	0.3
23	硫化物　≤	0.05	0.1	0.05	0.5	1.0
24	粪大肠菌群（个/L）≤	200	2000	10 000	20 000	40 000

附录 C　污水综合排放标准（GB 8978—1996）节选

表 C1　第一类污染物最高允许排放浓度　单位：mg/L

序号	污染物	最高允许排放浓度
1	总汞	0.05
2	烷基汞	不得检出
3	总镉	0.1
4	总铬	1.5
5	六价铬	0.5
6	总砷	0.5
7	总铅	1.0
8	总镍	1.0
9	苯并[α]芘	0.000 03
10	总铍	0.005
11	总银	0.5
12	总 α 放射性	1 Bq/L
13	总 β 放射性	10 Bq/L

表 C2　第二类污染物最高允许排放浓度　单位：mg/L

序号	污染物	适用范围	一级标准	二级标准	三级标准
1	pH	一切排污单位	6～9	6～9	6～9
2	色度（稀释倍数）	一切排污单位	50	80	—
3	悬浮物（SS）	采矿、选矿、选煤工业	70	300	—
		脉金选矿	70	400	—
		边远地区砂金选矿	70	800	—
		城镇二级污水处理厂	20	30	—
		其他排污单位	70	150	400
4	五日生化需氧量(BOD_5)	甘蔗制糖、苎麻脱胶、湿法纤维板、染料、洗毛工业	20	60	600
		甜菜制糖、酒精、味精、皮革、化纤浆粕工业	20	100	600
		城镇二级污水处理厂	20	30	—
		其他排污单位	20	30	300

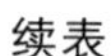
续表

序号	污染物	适用范围	一级标准	二级标准	三级标准
5	化学需氧量（COD）	甜菜制糖、合成脂肪酸、湿法纤维板、染料、洗毛、有机磷农药工业	100	200	1000
		味精、酒精、医药原料药、生物制药、苎麻脱胶、皮革、化纤浆粕工业	100	300	1000
		石油化工工业（包括石油炼制）	60	120	500
		城镇二级污水处理厂	60	120	—
		其他排污单位	100	150	500
6	石油类	一切排污单位	5	10	20
7	动植物油	一切排污单位	10	15	100
8	挥发酚	一切排污单位	0.5	0.5	2.0
9	总氰化物	一切排污单位	0.5	0.5	1.0
10	硫化物	一切排污单位	1.0	1.0	1.0
11	氨氮	医药原料药、染料、石油化工工业	15	50	—
		其他排污单位	15	25	—
12	氟化物	黄磷工业	10	15	20
		低氟地区（水体含氟量<0.5 mg/L）	10	20	30
		其他排污单位	10	10	20
13	磷酸盐（以P计）	一切排污单位	0.5	1.0	—
14	甲醛	一切排污单位	1.0	2.0	5.0
15	苯胺类	一切排污单位	1.0	2.0	5.0
16	硝基苯	一切排污单位	2.0	3.0	5.0
17	阴离子表面活性剂（LAS）	一切排污单位	5.0	10	20
18	总铜	一切排污单位	0.5	1.0	2.0
19	总锌	一切排污单位	2.0	5.0	5.0
20	总锰	合成脂肪酸工业	2.0	5.0	5.0
		其他排污单位	2.0	2.0	5.0
21	彩色显影剂	电影洗片	1.0	2.0	3.0

续表

序号	污染物	适用范围	一级标准	二级标准	三级标准
22	显影剂及氧化物总量	电影洗片	3.0	3.0	6.0
23	元素磷	一切排污单位	0.1	0.1	0.3
24	有机磷农药（以 P 计）	一切排污单位	不得检出	0.5	0.5
25	乐果	一切排污单位	不得检出	1.0	2.0
26	对硫磷	一切排污单位	不得检出	1.0	2.0
27	甲基对硫磷	一切排污单位	不得检出	1.0	2.0
28	马拉硫磷	一切排污单位	不得检出	5.0	10
29	五氯酚及五氯酚钠（以五氯酚计）	一切排污单位	5.0	8.0	10
30	可吸附有机卤化物（AOX）（以 Cl 计）	一切排污单位	1.0	5.0	8.0
31	三氯甲烷	一切排污单位	0.3	0.6	1.0
32	四氯化碳	一切排污单位	0.03	0.06	0.5
33	三氯乙烯	一切排污单位	0.3	0.6	1.0
34	四氯乙烯	一切排污单位	0.1	0.2	0.5
35	苯	一切排污单位	0.1	0.2	0.5
36	甲苯	一切排污单位	0.1	0.2	0.5
37	乙苯	一切排污单位	0.4	0.6	1.0
38	邻二甲苯	一切排污单位	0.4	0.6	1.0
39	对二甲苯	一切排污单位	0.4	0.6	1.0
40	间二甲苯	一切排污单位	0.4	0.6	1.0
41	氯苯	一切排污单位	0.2	0.4	1.0
42	邻二氯苯	一切排污单位	0.4	0.6	1.0
43	对二氯苯	一切排污单位	0.4	0.6	1.0
44	对硝基氯苯	一切排污单位	0.5	1.0	0.5
45	2,4-二硝基氯苯	一切排污单位	0.5	1.0	0.5
46	苯酚	一切排污单位	0.3	0.4	1.0
47	间甲酚	一切排污单位	0.1	0.2	0.5
48	2,4-二氯酚	一切排污单位	0.6	0.8	1.0
49	2,4,6-三氯酚	一切排污单位	0.6	0.8	1.0
50	邻苯二甲酸二丁酯	一切排污单位	0.2	0.4	2.0
51	邻苯二甲酸二辛酯	一切排污单位	0.3	0.6	2.0
52	丙烯腈	一切排污单位	2.0	5.0	5.0
53	总硒	一切排污单位	0.1	0.2	0.5

续表

序号	污染物	适用范围	一级标准	二级标准	三级标准
54	粪大肠菌群数	医院[①]、兽医院及医疗机构含病原体污水	500个/L	1000个/L	5000个/L
		传染病、结核病医院污水	100个/L	500个/L	1000个/L
55	总余氯（采用氯化消毒的医院污水）	医院[①]、兽医院及医疗机构含病原体污水	<0.5[②]	>3（接触时间≥1 h）	>2（接触时间≥1 h）
		传染病、结核病医院污水	<0.5[②]	>6.5（接触时间≥1.5 h）	>5（接触时间≥1.5 h）
57	总有机碳（TOC）	合成脂肪酸工业	20	40	—
		苎麻脱胶工业	20	60	—
		其他排污单位	20	30	—

注：其他排污单位指除在该控制项目中所列行业以外的一切排污单位。

① 指50个床位以上的医院。

② 指加氯消毒后须进行脱氯处理，达到本标准。

附录 D　湖泊（水库）富营养化评价方法及分级技术规定（总站生字〔2001〕090号）

D1　湖泊（水库）富营养化状况评价方法：综合营养状态指数法

综合营养状态指数计算公式为

$$TLI(\Sigma)=\sum_{j=1}^{m} W_j \cdot TL1(j)$$

式中　$TLI(\sum)$——综合营养状态指数；

W_j——第 j 种参数的营养状态指数；

$TLI(j)$——第 j 种参数的营养状态指数。

以叶绿素 a（chla）作为基准参数，则第 j 种参数的归一化的相关权重计算公式为

$$w_j=\frac{r_{ij}^2}{\sum_{j=1}^{m} r_{ij}^2}$$

式中　r_{ij}——第 j 种参数与基准参数 chla 的相关系数；

m——评价参数的个数。

中国湖泊（水库）的 chla 与其他参数之间的相关关系 r_{ij} 及 r_{ij}^2 见表 D1。

表 D1　中国湖泊（水库）部分参数与 chla 的相关关系 r_{ij} 及 r_{ij}^2 值※

参数	c hla	TP	TN	SD	COD_{Mn}
r_{ij}	1	0.84	0.82	−0.83	0.83
r_{ij}^2	1	0.7056	0.6724	0.6889	0.6889

注：※引自金相灿等著《中国湖泊环境》，表中 r_{ij} 来源于中国 26 个主要湖泊调查数据的计算结果。

营养状态指数计算公式为

（1）$TLI(chla)=10(2.5+1.086\ln chla)$

（2）$TLI(TP)=10(9.436+1.624\ln TP)$

（3）$TLI(SD)=10(5.118-1.94\ln SD)$

（4）$TLI(COD_{Mn})=10(0.109+2.661\ln COD_{Mn})$

式中，叶绿素 a（chla）单位为 mg/m^3，透明度（SD）单位为 m；其他指标单位均为 mg/L。

D2　湖泊（水库）富营养化状况评价指标

叶绿素 a（chla）、总磷（TP）、总氮（TN）、透明度（SD）、高锰酸盐指数（COD_{Mn}）

D3　湖泊（水库）营养状态分级

采用 0 ~ 100 一系列连续数字对湖泊（水库）营养状态进行分级：

TLI(∑)<30　　贫营养（Oligotropher）

30≤TLI(∑)≤50　　中营养（Mesotropher）

TLI(∑)>50　　富营养（Eutropher）

50<TLI(∑)≤60　　轻富营养（Light Eutropher）

60<TLI(∑)≤70　　中度富营养（Middle Eutropher）

TLI(∑)>70　　重度富营养（Hyper Eutropher）

在同一营养状态下，指数越高，其营养程度越重。

附录 E　农用地土壤污染风险管控标准（试行）（GB 15618—2018）节选

表 E1　农用地土壤污染风险筛选值（基本项目）　　单位：mg/kg

序号	污染物项目①②		风险筛选值			
			pH≤5.5	5.5<pH≤6.5	6.5<pH≤7.5	pH>7.5
1	镉	水田	0.3	0.4	0.6	0.8
		其他	0.3	0.3	0.3	0.6
2	汞	水田	0.5	0.5	0.6	1.0
		其他	1.3	1.8	2.4	3.4
3	砷	水田	30	30	25	20
		其他	40	40	30	25
4	铅	水田	80	100	140	240
		其他	70	90	120	170
5	铬	水田	250	250	300	350
		其他	150	150	200	250
6	铜	果园	150	150	200	200
		其他	50	50	100	100
7	镍		60	70	100	190
8	锌		200	200	250	300

注：① 重金属和类金属砷均按元素总量计。
② 对于水旱轮作地，采用其中较严格的风险筛选值。

表 E2　农用地土壤污染风险筛选值（其他项目）　　单位：mg/kg

序号	污染物项目	风险筛选值
1	六六六总量①	0.10
2	滴滴涕总量②	0.10
3	苯并[α]芘	0.55

注：① 六六六总量为 α-六六六、β-六六六、γ-六六六、δ-六六六四种异构体的含量总和。
② 滴滴涕总量为 p,p'-滴滴伊、p,p'-滴滴滴、o,p'-滴滴涕、p,p'-滴滴涕四种衍生物的含量总和。

表 E3　农用地土壤污染风险管制值　　单位：mg/kg

序号	污染物项目	风险管制值			
		pH≤5.5	5.5<pH≤6.5	6.5<pH≤7.5	pH>7.5
1	镉	1.5	2.0	3.0	4.0
2	汞	2.0	2.5	4.0	6.0
3	砷	200	150	120	100
4	铅	400	500	700	1000
5	铬	800	850	1000	1300

附录F 建设用地土壤污染风险管控标准（试行）（GB 36600—2018）节选

城市建设用地根据保护对象暴露情况不同分为以下两类：

第一类用地：包括GB 50137规定的城市建设用地中的居住用地（R），公共管理与公共服务用地中的中小学用地（A33），医疗卫生用地（AS）和社会福利设施用地（A6），以及公园绿地（G1）中的社区公园或儿童公园用地等。

第二类用地：包括GB 51037规定的城市建设用地中的工业用地（M），物流仓储用地（W），商业服务设施用地（B），道路与交通设施用地（S），公用设施用地（U），公共管理与公共服务用地（A）（A33、A5、A6除外），以及绿地与广场用地（G）（G1中的社区公园或儿童公园用地除外）等。

表F1 建设用地土壤污染风险筛选值和管制值（基本项目）

单位：mg/kg

序号	污染物项目	筛选值		管制值	
		第一类用地	第二类用地	第一类用地	第二类用地
		重金属和无机物			
1	砷	20[a]	60[a]	120	140
2	镉	20	65	47	172
3	铬（六价）	3.0	5.7	30	78
4	铜	2000	18 000	8000	36 000
5	铅	400	800	800	2500
6	汞	8	38	33	82
7	镍	150	900	600	2000
		挥发性有机物			
8	四氯化碳	0.9	2.8	9	36
9	氯仿	0.3	0.9	5	10
10	氯甲烷	12	37	21	120
11	1,1-二氯乙烷	3	9	20	100
12	1,2-二氯乙烷	0.52	5	6	21
13	1,1-二氯乙烯	12	66	40	200
14	顺-1,2-二氯乙烯	66	596	200	2000
15	反-1,2-二氯乙烯	10	54	31	163
16	二氯甲烷	94	616	300	2000
17	1,2-二氯丙烷	1	5	5	47

续表

序号	污染物项目	筛选值		管制值	
		第一类用地	第二类用地	第一类用地	第二类用地
		挥发性有机物			
18	1,1,1,2-四氯乙烷	2.6	10	26	100
19	1,1,2,2-四氯乙烷	1.6	6.8	14	50
20	四氯乙烯	11	53	34	183
21	1,1,1-三氯乙烷	701	840	840	840
22	1,1,2-三氯乙烷	0.6	2.8	5	15
23	三氯乙烯	0.7	2.8	7	20
24	1,2,3-三氯丙烷	0.05	0.5	0.5	5
25	氯乙烯	0.12	0.43	1.2	4.3
26	苯	1	4	10	40
27	氯苯	68	270	200	1000
28	1,2-二氯苯	560	560	560	560
29	1,4-二氯苯	5.6	20	56	200
30	乙苯	7.2	28	72	280
31	苯乙烯	1290	1290	1290	1290
32	甲苯	1200	1200	1200	1200
33	间-二甲苯+对-二甲苯	163	570	500	570
34	邻-二甲苯	222	640	640	640
		半挥发性有机物			
35	硝基苯	34	76	190	760
36	苯胺	92	260	211	663
37	2-氯酚	250	2256	500	4500
38	苯并[*a*]蒽	5.5	15	55	151
39	苯并[*a*]芘	0.55	1.5	5.5	15
40	苯并[*b*]荧蒽	5.5	15	55	151
41	苯并[*k*]荧蒽	55	151	550	1500
42	䓛	490	1293	4900	12 900
43	二苯并[*a, h*]蒽	0.55	1.5	5.5	15
44	茚并[1,2,3-*cd*]芘	5.5	15	55	151
45	萘	25	70	255	700

[a] 具体地块土壤中污染物检测含量超过筛选值，但等于或者低于土壤环境背景值。

附录 G　常用的环境化学参数

表 G1　氧在蒸馏水中的溶解度（饱和度）

水温/°C	溶解度/mg·L^{-1}	水温/°C	溶解度/mg·L^{-1}	水温/°C	溶解度/mg·L^{-1}	水温/°C	溶解度/mg·L^{-1}
0	14.62	8	11.87	16	9.95	24	8.53
1	14.23	9	11.59	17	9.74	25	8.38
2	13.84	10	11.33	18	9.54	26	8.22
3	13.48	11	11.08	19	9.34	27	8.07
4	13.13	12	10.83	20	9.17	28	7.92
5	12.80	13	10.60	21	8.99	29	7.77
6	12.48	14	10.37	22	8.83	30	7.63
7	12.17	15	10.15	23	8.63		

表 G2　常用的固态化合物的浓度配制参考表

序号	名称		相对分子质量	浓度	
				mol/L	g/L
1	草酸	$H_2C_2O_4 \cdot 2H_2O$	125.08	0.5	63.04
2	柠檬酸	$H_3C_6H_5O_7 \cdot H_2O$	210.14	0.1	21.01
3	氢氧化钾	KOH	56.10	5	280.50
4	氢氧化钠	$NaOH$	40.00	1	40.00
4	碳酸钠	Na_2CO_3	106.00	0.5	53.00
5	磷酸氢二钠	$Na_2HPO_4 \cdot 2H_2O$	177.99	2	355.98
6	磷酸二氢钾	$KH_2PO_4 \cdot 2H_2O$	136.10	0.1	13.61
7	重铬酸钾	$K_2Cr_2O_7$	294.20	0.5	147.10
8	碘化钾	KI	166.00	0.5	83.00
9	高锰酸钾	$KMnO_4$	158.00	0.2	31.60
10	乙酸钠	$NaC_2H_3O_2$	82.04	1	82.04
11	硫代硫酸钠	$Na_2S_2O_3 \cdot 5H_2O$	248.20	0.1	24.82